# TRAINING MATHEMATIK

Tobias Kick

# Mathematik 5. Klasse

STARK

ISBN 978-3-86668-095-1


www.stark-verlag.de
1. Auflage 2009

# Inhaltsverzeichnis



*(Fortsetzung nächste Seite)*

**Autor:** Tobias Kick

# Vorwort an die Schüler

**Liebe Schülerin, lieber Schüler,**

im Fach Mathematik werden in der 5. Jahrgangsstufe wichtige Grundlagen für alle späteren Klassen gelegt. Mit diesem Buch kannst du den gesamten Lehrstoff dieser Jahrgangsstufe trainieren und dein Wissen festigen.

Gehe wie folgt vor, um optimal mit dem Buch zu arbeiten:

- Die Kapitel sind nach **Themen** geordnet und beginnen jeweils mit einer kurzen **Einführung**, in der beschrieben wird, worum es geht. Du musst die Kapitel nicht von der ersten bis zur letzten Seite durcharbeiten. Suche dir das Thema, das gerade in der Schule durchgenommen wird, oder eines das dich besonders interessiert.
- In den **Merkkästen** werden die wichtigsten Begriffe zusammengefasst. Präge dir diese Begriffe gut ein.
- Die **Beispiele** mit ausführlichen Lösungen veranschaulichen den neuen Stoff und weisen auf mögliche Schwierigkeiten hin.
- Es folgt eine vielfältige Auswahl an abwechslungsreichen **Aufgaben**. Löse die Aufgaben und überprüfe deine Ergebnisse mit den ausführlich vorgerechneten **Lösungen** am Ende des Buches.
- Kannst du eine Aufgabe nicht sofort lösen, solltest du zunächst die Merkkästen und Beispiele genau durcharbeiten und dich erneut an der Aufgabe versuchen.
- Gelingt dir die Lösung der Aufgabe trotzdem nicht, markiere sie und lies dir die Lösung durch. Wenn du sie nachvollzogen hast, löse die Aufgabe nach einigen Tagen noch einmal, damit du sicher sein kannst, sie verstanden zu haben.

Bei der Arbeit mit dem Buch wünsche ich dir Freude und viele Erfolgserlebnisse.

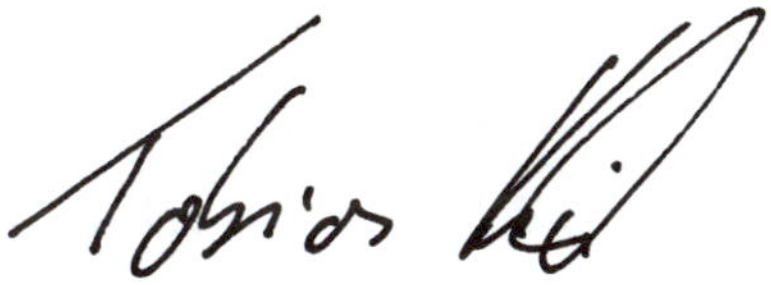

Tobias Kick

# Vorwort an die Eltern

**Liebe Eltern,**

ich freue mich, dass Sie Ihr Kind auf dem Weg durch die Hauptschule unterstützen, und wünsche Ihnen dabei viel Erfolg.
Gerade in der 5. Jahrgangsstufe werden im Fach Mathematik wichtige Grundlagen für alle späteren Klassen gelegt. Wenn Ihr Kind dieses Basiswissen sicher beherrscht, ist der Grundstein für ein erfolgreiches Abschneiden, auch in den folgenden Jahrgangsstufen, gelegt.

Vorliegendes Buch enthält das gesamte **Grundwissen der 5. Jahrgangsstufe** in prägnanter und schülergerechter Form und ist somit eine optimale Ergänzung zum Unterricht:

- Mithilfe von eingängigen Beispielen und abwechslungsreichen Aufgaben kann Ihr Kind den gesamten **Schulstoff nacharbeiten und festigen**.
- Bestehende **Lücken** können leicht **beseitigt** werden, indem Sie das entsprechende Kapitel auswählen und es von Ihrem Kind mit den zugehörigen Aufgaben bearbeiten lassen.
- Ihr Kind kann sich mit dem Buch auch ideal **auf Klassenarbeiten bzw. Schulaufgaben vorbereiten** und am Ende des Schuljahres den **gesamten Stoff wiederholen**, um erfolgreich in die 6. Klasse zu starten.

Bitte berücksichtigen Sie folgende **Vorgehensweise** beim Einsatz des Buches:

- Ihr Kind sollte die Aufgaben selbstständig lösen, ohne den Lösungsteil zu benutzen – dieser dient nur zur Überprüfung.
- Gelingt das Lösen der Aufgabe nicht, hilft es, wenn Ihr Kind zunächst das Grundwissen und die einschlägigen Beispiele durcharbeitet und sich anschließend erneut mit der Aufgabe befasst.
- Erst wenn die Aufgabe dennoch zu schwierig erscheint, sollte Ihr Kind sie mithilfe des Lösungsteils bearbeiten. Markieren Sie diese Aufgaben, dann wissen Sie, wo Ihr Kind noch Schwächen hat und worauf Sie bei der Wiederholung besonders achten müssen.

Ich wünsche Ihrem Kind viel Freude bei der Arbeit mit dem Buch und anhaltenden Erfolg in der Schule.

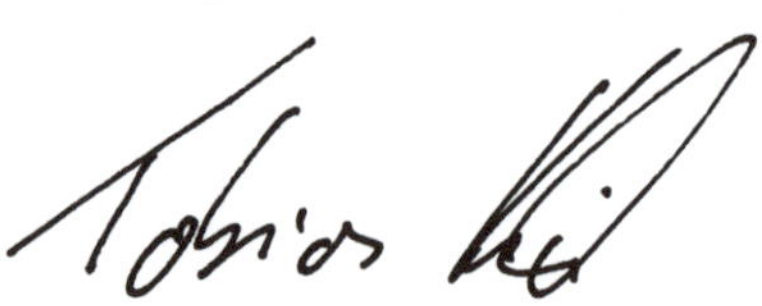

Tobias Kick

# Natürliche Zahlen

Die Zahlen, mit denen man **abzählt**, heißen **natürliche Zahlen**. Die Zahl 1 ist die kleinste natürliche Zahl. Eine größte natürliche Zahl gibt es dagegen nicht. Jede natürliche Zahl hat genau einen **Nachfolger**. Außer der Zahl 1 hat jede natürliche Zahl auch genau einen **Vorgänger**.

# 1 Große Zahlen

In unserem Zahlensystem, dem **Zehnersystem**, kannst du alle **Zahlen** mithilfe der zehn Ziffern 0, 1, 2, 3, 4, 5, 6, 7, 8 und 9 darstellen. Wenn du einen Taschenrechner benutzt und beispielsweise die Zahl 2153 eingibst, rücken die zuerst eingegebenen Ziffern immer weiter nach links und erhalten dadurch einen anderen Wert, den sogenannten **Stellenwert**.

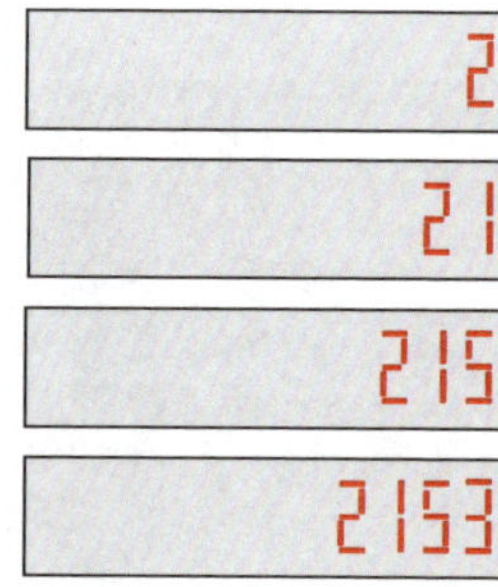


> Das Zehnersystem ist ein **Stellenwertsystem**, da der Wert einer Ziffer von der Stelle abhängt, an der sie innerhalb der Zahl steht. Die rechte Ziffer einer Zahl hat den Wert 1, jede Stelle weiter links hat immer den 10-fachen Wert der vorherigen Stelle. Die Zahlen **1**, **10**, **100**, **1 000**, … nennt man **Stufenzahlen**.

Beispiel

$43\,517 = 4 \cdot \mathbf{10\,000} + 3 \cdot \mathbf{1\,000} + 5 \cdot \mathbf{100} + 1 \cdot \mathbf{10} + 7 \cdot \mathbf{1}$

> - Durch das Eintragen in eine **Stellenwerttafel** kannst du den Ziffern einer Zahl ihren Stellenwert zuordnen. Somit lassen sich auch große Zahlen ganz einfach lesen.
> - Um die Stellenwerte bei einer Zahl leichter zu erkennen, kannst du sie auch mithilfe von Markierungen in „**Dreiergruppen**" zusammenfassen, z. B. mit Trennstrichen, Bögen oder Punkten.

Beispiel

Schreibe die Zahlen zuerst mit „Dreiergliederungen" und trage sie dann in eine Stellenwerttafel ein.

a) 107490
b) 205760500
c) 3010300121

*Lösung:*

a) 107|490 Trennstriche
b) 205 760 500 Bögen
c) 3.010.300.121 Punkte

| | Milliarden | | | Millionen | | | Tausender | | | Einer | | | |
|---|---|---|---|---|---|---|---|---|---|---|---|---|---|
| | Hunderter | Zehner | Einer | Hunderter | Zehner | Einer | Hunderter | Zehner | Einer | Hunderter | Zehner | Einer | |
| | HMd | ZMd | Md | HM | ZM | M | HT | ZT | T | H | Z | E | Abkürzungen |
| a) | | | | | | | 1 | 0 | 7 | 4 | 9 | 0 | 1 HT 7T 4H 9Z |
| b) | | | | 2 | 0 | 5 | 7 | 6 | 0 | 5 | 0 | 0 | 2HM 5M 7HT 6ZT 5H |
| c) | | | 3 | 0 | 1 | 0 | 3 | 0 | 0 | 1 | 2 | 1 | 3Md 1ZM 3HT 1H 2Z 1E |

**1** Zeichne eine Stellenwerttafel und trage die Zahlen ein.

a) achtundachtzigtausendeinhundertelf

b) sechs Millionen fünfundachtzigtausendsechs

c) vier Milliarden vierhundertvierzig Millionen sechstausendeinundneunzig

d) achthundertzweiundachtzig Milliarden vierhundert Millionen vierhundertsechsundzwanzigtausendsechshundertsechsundsechzig

e) dreihunderteins Milliarden zehn Millionen fünfhundertfünfzigtausenddreihundertsieben

**2** Schreibe in Ziffern. Eine Stellenwerttafel kann dir dabei helfen.

a) 2M 43T 5Z 7E

b) 3ZT 1T 555E

c) 4Md 12M 81T 3Z

d) 36Md 6HT 3T 4H 19E

**3** Schreibe die angegebenen Zahlen in Worten.

a) 44 333

b) 6 512 240

**4** Gib jeweils den Vorgänger und den Nachfolger der Zahl an.

a) ____ < 876 < ____

b) ____ < 5 000 < ____

c) ____ < 14 015 < ____

d) ____ < 589 999 < ____

**5** a) Wie lautet die kleinste vierstellige Zahl?

b) Gib die größte fünfstellige Zahl an.

**6** Bestimme jeweils die beiden Nachbarzehner.

a) ____ < 628 < ____

b) ____ < 912 < ____

c) ____ < 2 396 < ____

d) ____ < 5 403 < ____

**7** Ergänze die gesuchten Zahlen.

a)

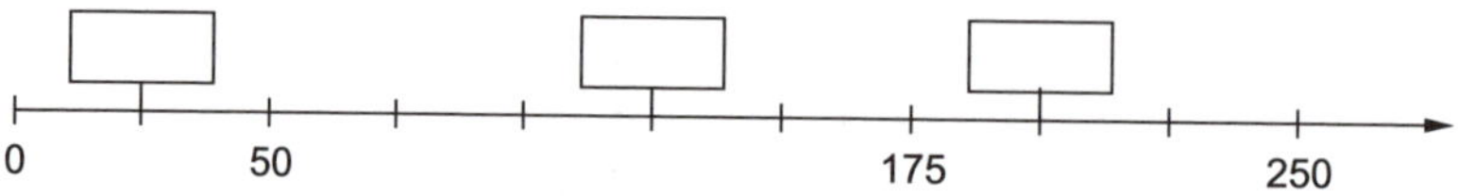


b)

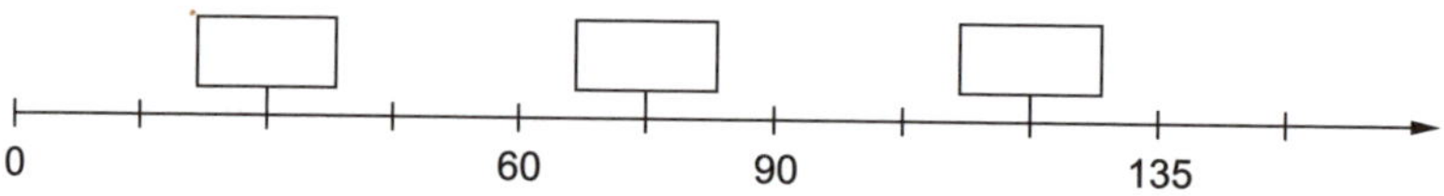


c)

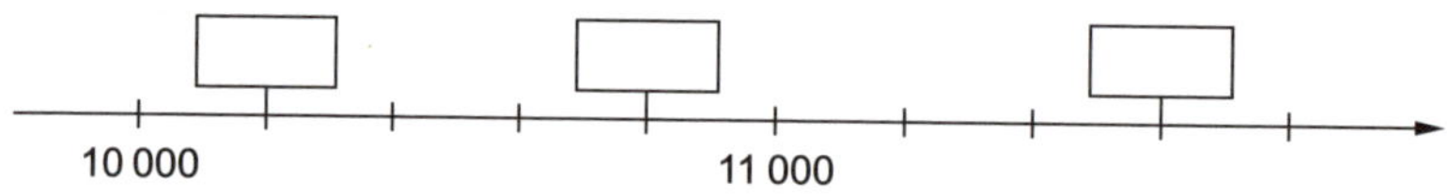


d)

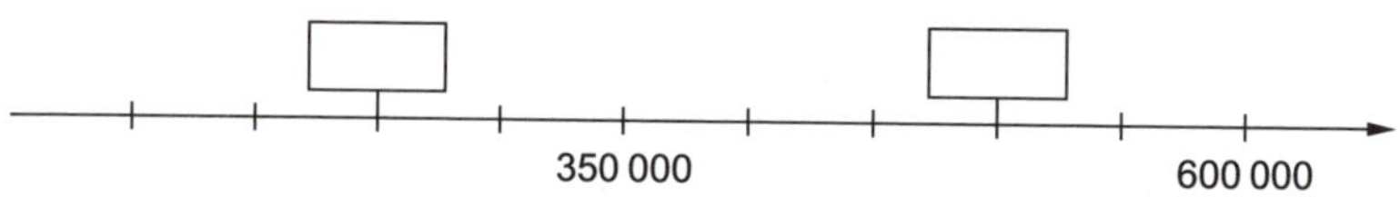


**8** Ordne die Zahlen der Größe nach.
Beginne mit der kleinsten Zahl.
Wie lautet das Lösungswort?

| | |
|---|---|
| **N** 32 754 | **E** 332 457 |
| **N** 332 541 | **R** 24 536 |
| **T** 3 287 | **U** 23 675 |

Lösungswort:

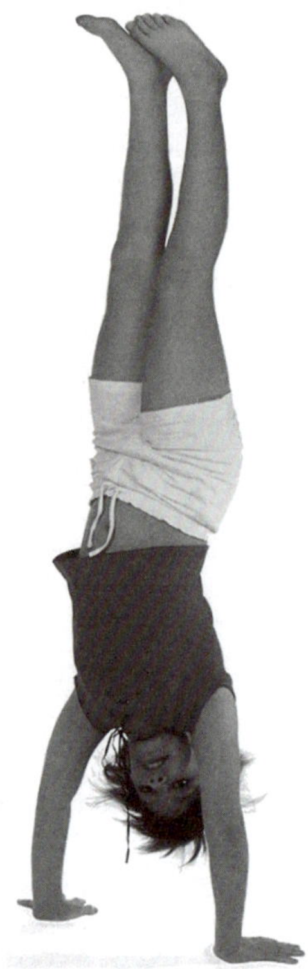

**9** Führe die Zahlenfolgen um jeweils drei Zahlen fort.

a) 50, 100, 150, ___, ___, ___

b) 11, 22, 33, ___, ___, ___

c) 987, 957, 927, ___, ___, ___

d) 98, 97, 95, 92, 88, ___, ___, ___

## 2 Runden

Manchmal ist es nicht notwendig, für eine Größe ganz genaue Zahlenwerte anzugeben, etwa bei der Einwohnerzahl einer Großstadt, da sie sich täglich ändert. In solchen Fällen gibt man die Zahl nur bis zu einer festgelegten Stelle an.

- Bestimme zuerst die **gewünschte Stelle** (Einer, Zehner, Hunderter, Tausender, …), auf die gerundet werden soll. Betrachte dann die **Ziffer rechts** davon.
- Wenn als nächste Ziffer eine **0**, **1**, **2**, **3** oder **4** folgt, wird **abgerundet**. Die Ziffer an der gewünschten Stelle bleibt stehen. Die restlichen Ziffern werden durch Nullen ersetzt.
- Wenn als nächste Ziffer eine **5**, **6**, **7**, **8** oder **9** folgt, wird **aufgerundet**. Die Ziffer an der gewünschten Stelle wird um 1 erhöht. Für die folgenden Ziffern schreibst du jeweils eine Null.

Beispiel

Am Samstag waren in der Allianz Arena 59 653 Zuschauer beim Fußballspiel „FC Bayern München – VfB Stuttgart“.
Runde die Zuschauerzahl auf Zehner, Hunderter und Tausender.

*Lösung:*

Zehner: 59 653 ≈ 59 650
auf diese Stelle runden – 3 führt zum Abrunden

Hunderter: 59 653 ≈ 59 700
auf diese Stelle runden – 5 führt zum Aufrunden

Tausender: 59 653 ≈ 60 000
auf diese Stelle runden – 6 führt zum Aufrunden

Markiere jeweils die Stelle, auf die gerundet werden soll. Die nachfolgende Stelle bestimmt, ob ab- oder aufgerundet wird.

Wird eine **„9“ aufgerundet**, so wirkt sich das auch auf **die Stelle links davon** aus.

**10** Runde jeweils auf …

| | | | |
|---|---|---|---|
| a) Zehner | 17 | 879 | 5 304 |
| b) Hunderter | 375 | 2 419 | 10 670 |
| c) Tausender | 5 107 | 23 918 | 471 356 |
| d) Zehntausender | 12 990 | 842 512 | 1 089 930 |
| e) Hunderttausender | 735 759 | 7 357 593 | 49 982 221 |
| f) Millionen | 1 868 999 | 10 446 102 | 253 973 177 |

**11** Gib zu den gerundeten Zahlen jeweils die größtmögliche und die kleinstmögliche Zahl an.

a) 10
b) 240
c) 3 000
d) 99 900

**12** Finde die Produkte, die auf Hunderter gerundet 300 € kosten.

**13** Finde die Fehler und verbessere sie.

a) 132 450 615 ≈ 132 450 610
b) 621 578 713 ≈ 6 200 000 000
c) 892 468 916 ≈ 890 468 916
d) 2 461 111 463 ≈ 2 461 120 000

## 3 Schaubilder deuten und erstellen

Um Daten (Zahlen, Größen, …) anschaulich miteinander vergleichen zu können, werden sie häufig in **Diagrammen** dargestellt. Wichtige Diagrammarten sind das **Säulen-** und das **Balkendiagramm**.

Säulen- und Balkendiagramm eignen sich sehr gut zur **Veranschaulichung von Rangfolgen**.

- Im **Säulendiagramm** werden die Daten durch **senkrecht stehende Säulen** dargestellt.
- Im **Balkendiagramm** werden die Daten durch **waagerecht liegende Balken** veranschaulicht.

Beispiel

Stelle die Einwohnerzahlen dieser fünf europäischen Länder in einem Säulen- und einem Balkendiagramm dar.
Runde sinnvoll und wähle eine geeignete Einheit.

| **Land** | **Einwohnerzahl** |
|---|---|
| Deutschland | 82 438 245 |
| Italien | 59 619 291 |
| Spanien | 46 063 511 |
| Rumänien | 21 489 141 |
| Schweden | 9 215 021 |

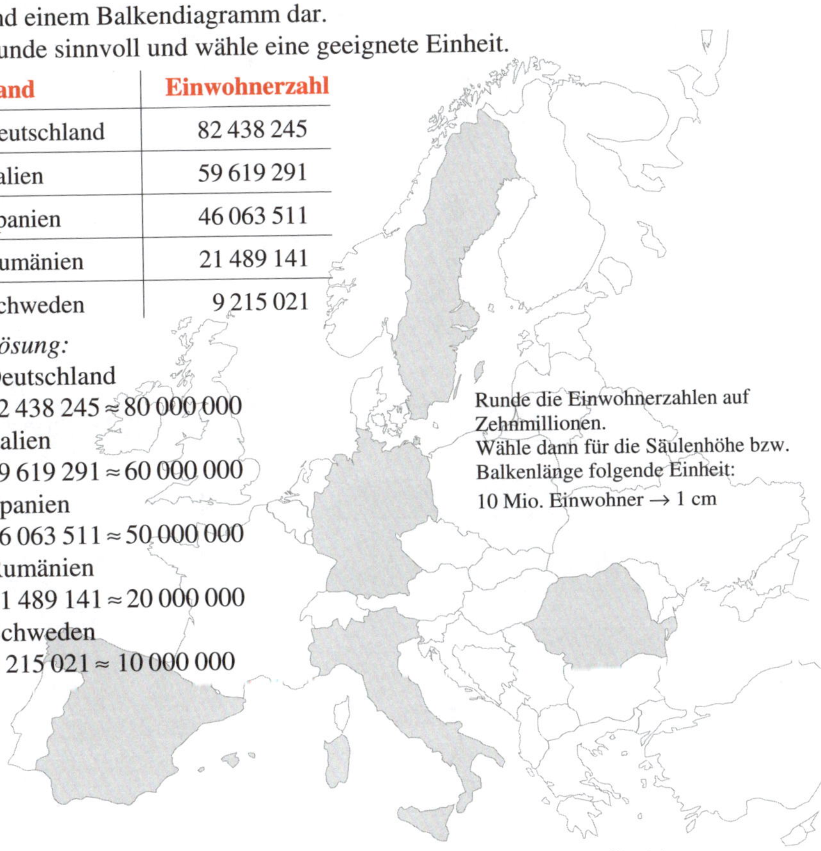

*Lösung:*
Deutschland
82 438 245 ≈ 80 000 000
Italien
59 619 291 ≈ 60 000 000
Spanien
46 063 511 ≈ 50 000 000
Rumänien
21 489 141 ≈ 20 000 000
Schweden
9 215 021 ≈ 10 000 000

Runde die Einwohnerzahlen auf Zehnmillionen.
Wähle dann für die Säulenhöhe bzw. Balkenlänge folgende Einheit:
10 Mio. Einwohner → 1 cm

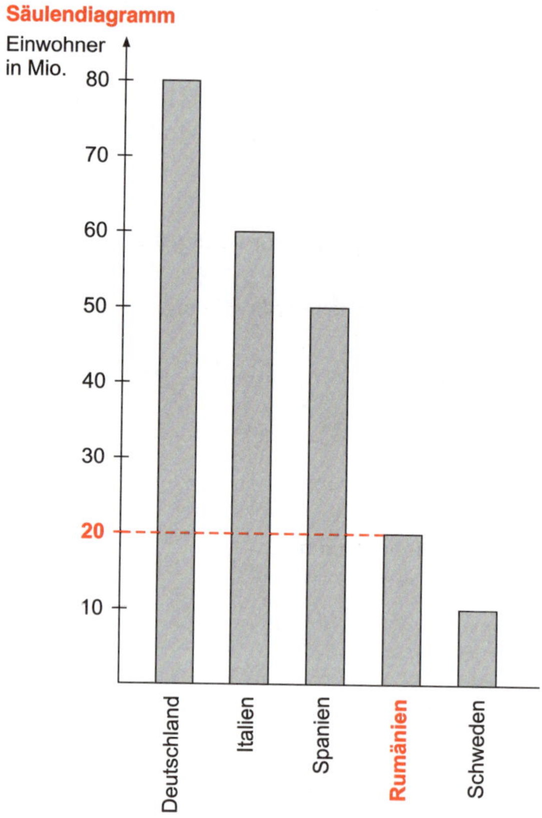
Säulendiagramm
Einwohner in Mio.
80
70
60
50
40
30
20
10
Deutschland
Italien
Spanien
Rumänien
Schweden

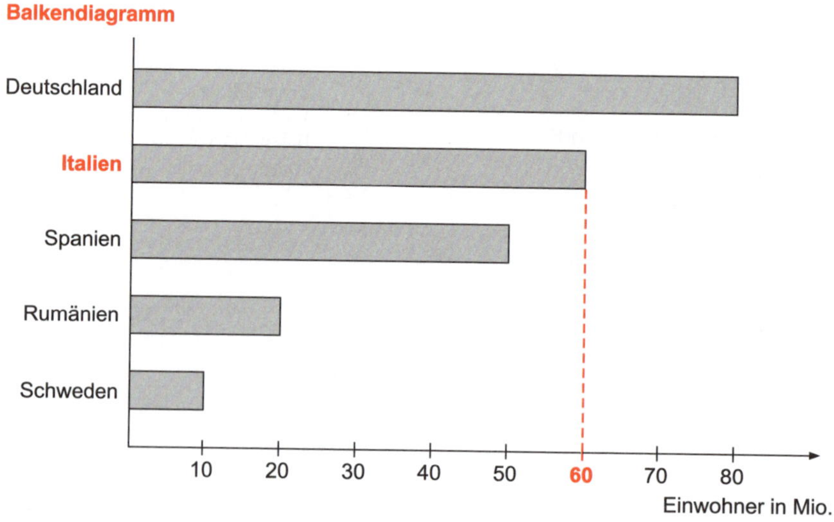
Balkendiagramm
Deutschland
Italien
Spanien
Rumänien
Schweden
10
20
30
40
50
60
70
80
Einwohner in Mio.

**14** Veranschauliche die Höhen folgender Berge in einem Säulendiagramm. Runde auf Tausender und wähle eine geeignete Einheit.

| Berg | Höhe |
|---|---|
| Mount Everest (Tibet) | 8 848 m |
| Kilimandscharo (Tansania) | 5 895 m |
| Zugspitze (Deutschland) | 2 962 m |
| Aconcagua (Argentinien) | 6 962 m |
| Montblanc (Frankreich/Italien) | 4 810 m |
| Mount McKinley (Alaska) | 6 195 m |

**15** Das Säulendiagramm zeigt die Flächen der Bundesländer Deutschlands.

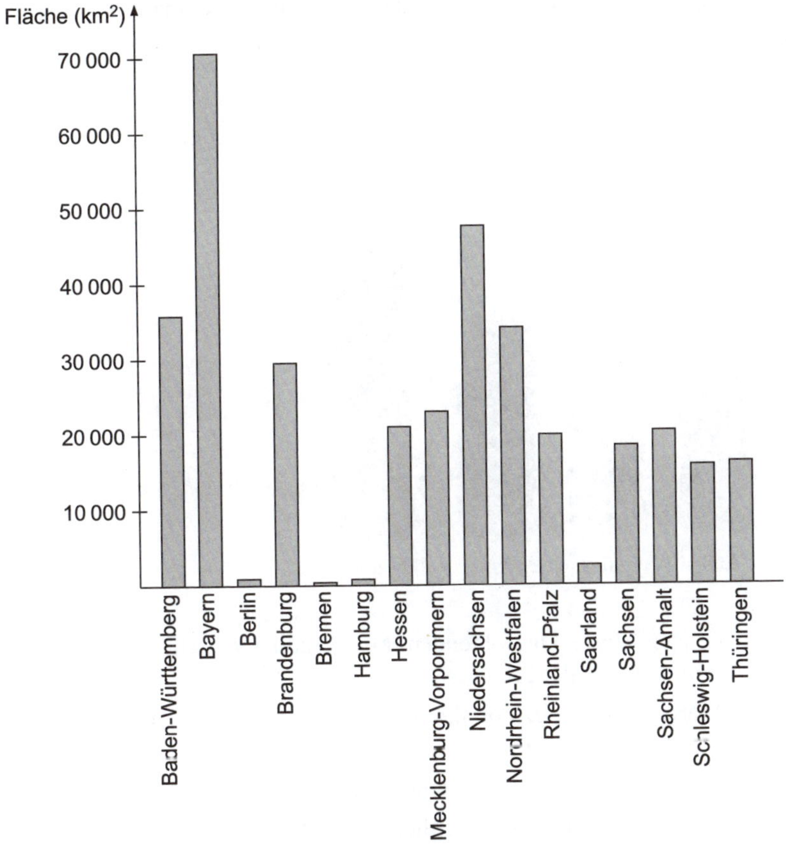


a) Welches deutsche Bundesland hat die größte bzw. die kleinste Fläche?

b) Wie groß ist die Fläche von Baden-Württemberg in etwa?

**16** Die Schüler aus der 5., 6. und 7. Jahrgangsstufe wurden nach ihren Haustieren befragt.

| Haustier | Anzahl der Schüler |
|---|---|
| Hamster | 𝍸 𝍸 𝍸 𝍷𝍷 |
| Hund | 𝍸 𝍸 𝍸 𝍸 𝍸 𝍸 𝍸 𝍷𝍷𝍷𝍷 |
| Katze | 𝍸 𝍸 𝍸 𝍸 𝍸 𝍸 𝍸 𝍸 𝍸 𝍷 |
| Kanarienvogel | 𝍸 𝍸 |
| Meerschweinchen | 𝍸 𝍸 𝍸 𝍸 𝍸 𝍷 |
| Kaninchen | 𝍸 𝍸 𝍸 𝍷𝍷𝍷 |
| Goldfisch | 𝍸 𝍷𝍷𝍷 |

a) Stelle die Ergebnisse der Befragung in einem Balkendiagramm dar. Runde geschickt.

b) Was wird in dieser Umfrage nicht berücksichtigt?

**17** Die Grafik veranschaulicht Marias Kontostand in den letzten Monaten.

Kontostand am Monatsende

Ergänze die fehlenden Werte. Die folgenden Informationen helfen dir dabei. Ermittle die Ergebnisse jeweils rechnerisch.

a) Im Mai hat Maria Geburtstag. Von ihren Eltern, ihrer Tante und der Oma bekommt sie zusammen 160 €.

b) Im Juni hebt Maria 50 € ab, um sich eine neue Jeans zu kaufen.

c) Im Juli trägt sie Zeitungen aus und verdient dabei 150 €.

d) In den Ferien im August hilft sie beim Verkauf in der Eisdiele aus und bekommt dafür am Monatsende 120 €.

# Grundrechenarten

Zusammenzählen, Abziehen, Malnehmen und Teilen sind die vier Grundrechenarten der Mathematik. Man nennt sie auch **Addition, Subtraktion, Multiplikation** und **Division**.
Wie du siehst, hat die Mathematik ihren eigenen mathematischen Wortschatz. Präge dir die Fachbegriffe ein und wende sie selbst an.

# 1 Addition

Cosima sammelt Muscheln. Von der Nordsee hat sie in diesem Jahr 14 Muscheln mit nach Hause gebracht, am Strand in Italien hat sie im letzten Jahr 25 Stück gefunden.
Anstatt sie nebeneinanderzulegen und abzuzählen, addiert Cosima:
$14 + 25 = 39$

Die Addition ist eine der vier Grundrechenarten. Mit ihrer Hilfe kannst du das langwierige Abzählen von Anzahlen vereinfachen, indem du zwei oder mehrere **Summanden** addierst (zusammenzählst). Als Ergebnis erhältst du den Wert der **Summe**.

**1. Summand** **2. Summand**

77 + 12 = 89

**Summe** **Wert der Summe**

Sind die Summanden zu groß, um das Ergebnis im Kopf zu berechnen, kannst du ein **schriftliches Rechenverfahren** anwenden.

- Schreibe die Summanden **stellengerecht untereinander:** Einer unter Einer, Zehner unter Zehner, Hunderter unter Hunderter usw.
- **Addiere die Ziffern**, die in einer Spalte stehen. Schreibe das Ergebnis jeweils unter die Spalte. **Beginne mit den Einern**, dann folgen die Zehner usw.
- Ist das Ergebnis einer Spalte zweistellig, schreibst du nur die letzte Stelle unter die Spalte. **Übertrage** die erste Stelle als „**Gemerktzahl**" in die nächste Spalte.

Beispiele

**1.** Addiere 28 765 und 31 671.

*Lösung:*

| | ZT | T | H | Z | E |
|---|---|---|---|---|---|
| | 2 | 8 | 7 | 6 | 5 |
| + | 3 | 1 | 6 | 7 | 1 |
| | | 1 | 1 | 1 | |
| | 6 | 0 | 4 | 3 | 6 |

Schreibe die Zahlen stellengerecht untereinander und addiere die Ziffern.

E: $1 + 5 = 6$ → Schreibe 6.
Z: $7 + 6 = 13$ → Schreibe 3 und übertrage 1.
H: $1 + 6 + 7 = 14$ → Schreibe 4 und übertrage 1.
T: $1 + 1 + 8 = 10$ → Schreibe 0 und übertrage 1.
ZT: $1 + 3 + 2 = 6$ → Schreibe 6.

**2.** Addiere: 14 176 + 20 562 + 2 246

*Lösung:*

| | ZT | T | H | Z | E |
|---|---|---|---|---|---|
| | 1 | 4 | 1 | 7 | 6 |
| | 2 | 0 | 5 | 6 | 2 |
| + | | 2 | 2 | 4 | 6 |
| | | | 1 | 1 | |
| | 3 | 6 | 9 | 8 | 4 |

E: 6 + 2 + 6 = 14 → Schreibe 4 und übertrage 1.

Z: 1 + 4 + 6 + 7 = 18 → Schreibe 8 und übertrage 1.

H: 1 + 2 + 5 + 1 = 9 → Schreibe 9.

T: 2 + 0 + 4 = 6 → Schreibe 6.

ZT: 2 + 1 = 3 → Schreibe 3.

**18** Berechne die Summe der Zahlen aller Billiard-Kugeln im Kopf.
Rechne möglichst geschickt.

**19** Addiere im Kopf. Rechne vorteilhaft.

a) 32 + 45 + 18 + 35

b) 78 + 23 + 96 + 22 + 77 + 44

c) 3 200 + 2 210 + 800 + 290

d) 333 + 147 + 153 + 256 + 111

**20** Ergänze die Lücken.

a) 68 + ▭ = 100

b) 126 + ▭ = 200

c) ▭ + 237 = 500

d) 755 + ▭ = 1 000

e) 318 + ▭ = 650

f) ▭ + 760 = 1 500

**21** Berechne den Wert der jeweiligen Summen.

a)

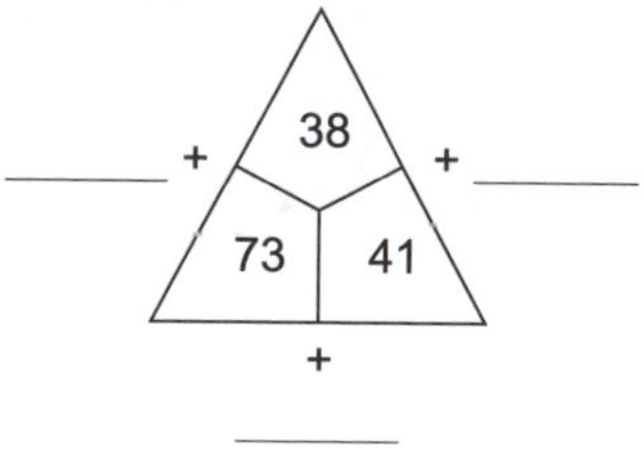


b)

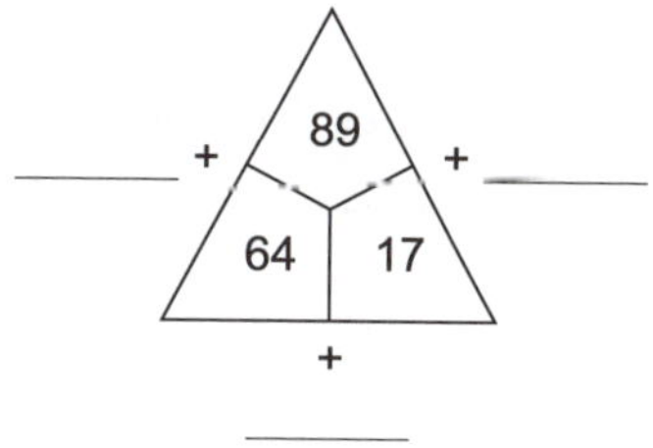

**22** Berechne schriftlich.

a)

| | T | H | Z | E |
|---|---|---|---|---|
| | 4 | 2 | 4 | 2 |
| + | | 9 | 3 | 4 |

b)

| | ZT | T | H | Z | E |
|---|---|---|---|---|---|
| | | 6 | 2 | 4 | 2 |
| + | | 5 | 8 | 3 | 6 |

c)

| | ZT | T | H | Z | E |
|---|---|---|---|---|---|
| | | 3 | 4 | 6 | 7 |
| + | 3 | 6 | 3 | 2 | 6 |

d)

| | HT | ZT | T | H | Z | E |
|---|---|---|---|---|---|---|
| | | 1 | 7 | 5 | 3 | 4 |
| | | | 9 | 4 | 8 | 2 |
| + | | 8 | 3 | 0 | 6 | 0 |

**23** Schreibe die Zahlen untereinander und addiere sie schriftlich.

a) 1 235 + 843
b) 687 + 5 478
c) 812 + 9 125 + 29 623
d) 7 954 + 8 578 + 98 754 + 986 549

**24** Welche Ergebnisse stimmen?
Wenn du richtig addierst, ergibt sich ein Lösungswort.

a)
6 381
6 819
+ 9 315

B 22 515
T 28 515
K 22 005

b)
2 389
98 246
+ 45 552

S 149 187
U 146 187
M 146 987

c)
35 966
52 689
+ 826 541

A 952 196
F 917 596
C 915 196

d)
505 907
806 980
+ 9 712 005

P 11 029 892
H 11 024 892
L 11 127 892

Lösungswort: ☐ ☐ ☐ ☐

## 2 Subtraktion

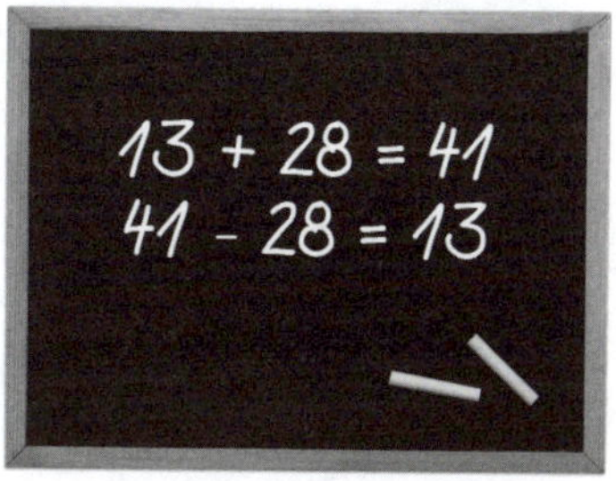


Die Subtraktion ist die **Umkehrung** der Addition.
Du kannst also jede Subtraktionsaufgabe durch eine entsprechende Additionsaufgabe kontrollieren und umgekehrt.

Bei der Subtraktion werden von einem **Minuenden** ein oder mehrere **Subtrahenden** subtrahiert (abgezogen). Das Ergebnis ist der Wert der **Differenz**.

> **Minuend** → 35, **Subtrahend** → 18
>
> 35 – 18 = 17
>
> **Differenz**: 35 – 18; **Wert der Differenz**: 17

Auch bei der Subtraktion gibt es für größere Zahlen ein **schriftliches Rechenverfahren**. Hier wird das sogenannte **„Borgeverfahren“** gezeigt:

- Schreibe die Zahlen **stellengerecht untereinander:** Einer unter Einer, Zehner unter Zehner, Hunderter unter Hunderter usw.
- **Subtrahiere die Ziffern** einer Spalte. Schreibe das Ergebnis jeweils unter die Spalte. **Beginne mit den Einern**, dann folgen die Zehner usw.
- Ist die Ziffer vom Minuenden kleiner als die vom Subtrahenden, musst du dir von der **nächsten Spalte** einen Zehner **„borgen“**. Streiche die Ziffer der nächsten Spalte durch und vermindere diese um eins.
- Tritt im Minuenden die **Ziffer 0** auf, musst du beim „Borgen“ besonders aufpassen.

eispiele

**1.** Subtrahiere 1 672 von 2 635.

*Lösung:*

| | T | H | Z | E |
|---|---|---|---|---|
| | 1 | $_1$5 | | |
| | ~~2~~ | ~~6~~ | $_1$3 | 5 |
| – | 1 | 6 | 7 | 2 |
| | | 9 | 6 | 3 |

Der Minuend ist 2 635, der Subtrahend ist 1 672. Schreibe die Zahlen stellengerecht untereinander und subtrahiere die Ziffern.

E: $5-2=3$ → Schreibe 3.
Z: $13-7=6$ → Borge **1** bei H und schreibe 6.
H: $15-6=9$ → Borge **1** bei T und schreibe 9.
T: $1-1=0$

**2.** Berechne die Differenz aus 98 **0**67 und 35 685.

*Lösung:*

| | ZT | T | H | Z | E |
|---|---|---|---|---|---|
| | | 7 | 9 | | |
| | 9 | ~~8~~ | ~~10~~ | 16 | 7 |
| – | 3 | 5 | 6 | 8 | 5 |
| | 6 | 2 | 3 | 8 | 2 |

E: 7 – 5 = 2 → Schreibe 2.
Z: 16 – 8 = 8 → Achtung: **Null** bei H!
Borge zuerst **1** bei T.
Borge jetzt **1** bei H.
Schreibe 8.
H: 9 – 6 = 3 → Schreibe 3.
T: 7 – 5 = 2 → Schreibe 2.
ZT: 9 – 3 = 6 → Schreibe 6.

**3.** Subtrahiere: 6**0 00**3 – 4 915

*Lösung:*

| | ZT | T | H | Z | E |
|---|---|---|---|---|---|
| | 5 | 9 | 9 | 9 | |
| | ~~6~~ | ~~10~~ | ~~10~~ | ~~10~~ | 13 |
| – | | 4 | 9 | 1 | 5 |
| | 5 | 5 | 0 | 8 | 8 |

E: **1**3 – 5 = 8 → Achtung: **Null** bei Z, H und T!
Borge zuerst **1** bei ZT,
dann bei T, H und Z.
Schreibe 8.
Z: 9 – 1 = 8 → Schreibe 8.
H: 9 – 9 = 0 → Schreibe 0.
T: 9 – 4 = 5 → Schreibe 5.
ZT: 5 – 0 = 5 → Schreibe 5.

- Wenn du **mehrere Zahlen subtrahieren** willst, rechnest du am besten **schrittweise**, d. h., die erste Zahl minus die zweite Zahl, dann das Ergebnis minus die dritte Zahl usw.
- Du kannst aber auch zuerst **alle Subtrahenden addieren** und dann die Summe vom Minuenden abziehen.

Beispiel

Subtrahiere: 1 922 – 876 – 429

*Lösung:*

| | T | H | Z | E |
|---|---|---|---|---|
| | | 8 | 11 | |
| | 1 | ~~9~~ | ~~2~~ | 12 |
| – | | 8 | 7 | 6 |
| | 1 | 0 | 4 | 6 |

| | T | H | Z | E |
|---|---|---|---|---|
| | 0 | | 3 | |
| | ~~1~~ | 10 | ~~4~~ | 16 |
| – | | 4 | 2 | 9 |
| | | 6 | 1 | 7 |

Subtrahiere schrittweise.

*oder:*

| | T | H | Z | E |
|---|---|---|---|---|
| | | 8 | 7 | 6 |
| + | | 4 | 2 | 9 |
| | | 1 | 1 | |
| | 1 | 3 | 0 | 5 |

| | T | H | Z | E |
|---|---|---|---|---|
| | | | 1 | |
| | 1 | 9 | ~~2~~ | 12 |
| – | 1 | 3 | 0 | 5 |
| | | 6 | 1 | 7 |

Addiere zuerst die Subtrahenden.
Ziehe das Ergebnis dann vom Minuenden ab.

**25** Löse die Aufgaben durch schriftliches Subtrahieren.

a)

| | H | Z | E |
|---|---|---|---|
| | 2 | 4 | 5 |
| − | 1 | 3 | 4 |

b)

| | T | H | Z | E |
|---|---|---|---|---|
| | 9 | 2 | 5 | 7 |
| − | 2 | 4 | 5 | 6 |

c)

| | T | H | Z | E |
|---|---|---|---|---|
| | 5 | 1 | 0 | 4 |
| − | 3 | 9 | 5 | 4 |

d)

| | HT | ZT | T | H | Z | E |
|---|---|---|---|---|---|---|
| | 1 | 7 | 0 | 0 | 0 | 0 |
| − | 1 | 6 | 3 | 6 | 4 | 5 |

**26** Schreibe die Zahlen untereinander und subtrahiere sie schriftlich.

a) 596 − 342
b) 893 − 278
c) 7 245 − 3 658
d) 2 105 − 1 077
e) 70 234 − 8 245
f) 245 007 − 147 055

**27** Subtrahiere schrittweise.

a) 23 463 − 3 452 − 2 345
b) 84 306 − 238 − 10 498

**28** Addiere zuerst die Subtrahenden.
Subtrahiere dann das Ergebnis vom Minuenden.

a) 190 045 − 54 364 − 369
b) 70 809 − 3 819 − 2 493

**29** Tina hat Tintenkleckse in ihr Heft bekommen.
Kannst du ihr beim Vervollständigen der Aufgaben helfen?

a)

| | T | H | Z | E |
|---|---|---|---|---|
| | 7 | 8 | ✱ | 5 |
| − | 1 | ✱ | 2 | 8 |
| | ✱ | 2 | 1 | ✱ |

b)

| | T | H | Z | E |
|---|---|---|---|---|
| | ✱ | 8 | 2 | 4 |
| − | 2 | 1 | 8 | ✱ |
| | 6 | ✱ | ✱ | 1 |

# 3 Multiplikation

Jede Multiplikation kann man als **wiederholte Addition** von immer der gleichen Zahl auffassen:
$3 \cdot 4 = 4 + 4 + 4 = 12$

Bei der Multiplikation werden zwei oder mehrere **Faktoren** miteinander multipliziert (malgenommen). Als Ergebnis erhältst du den Wert des **Produktes**.

> **1. Faktor** ↘ $16 \cdot 3 = 48$ ↙ **2. Faktor**
>
> $16 \cdot 3$: **Produkt**
>
> $48$: **Wert des Produktes**

Bei der **schriftlichen Multiplikation** werden die Ziffern des 1. Faktors schrittweise mit den Ziffern des 2. Faktors multipliziert.

- Schreibe beide Faktoren nebeneinander.
- Multipliziere die Stellen des 1. Faktors (Einer-, Zehner-, Hunderterstelle usw.) mit dem **2. Faktor**.
- Ist der **2. Faktor zweistellig**, beginnst du mit der Zehnerstelle des 2. Faktors.
- Schreibe die Teilergebnisse **stellenrichtig** untereinander. Bei der Multiplikation mit der Zehnerstelle des 2. Faktors musst du eine **Null ergänzen**.
- Addiere anschließend die **Teilergebnisse**.

Beispiele

**1.** Multipliziere schriftlich: $935 \cdot 5$

*Lösung:*

```
9 3 5 · 5
---------
  4 6 7 5
```

Multipliziere die Einer-, Zehner- und Hunderterstelle des 1. Faktors mit dem **einstelligen 2. Faktor**.

$5 \cdot 5 = 25$ → Schreibe 5, merke **2**.
$5 \cdot 3 = 15$; $15 + 2 = 17$ → Schreibe 7, merke **1**.
$5 \cdot 9 = 45$; $45 + 1 = 46$ → Schreibe 46.

**2.** Multipliziere schriftlich: $684 \cdot 28$

*Lösung:*

| | | | | | | | |
|---|---|---|---|---|---|---|---|
| | 6 | 8 | 4 | · | 2 | 8 | |
| | | 1 | 3 | 6 | 8 | 0 | |
| + | | | 5 | 4 | 7 | 2 | |
| | | | 1 | 1 | | | |
| | | 1 | 9 | 1 | 5 | 2 | |

Multipliziere die Einer-, Zehner- und Hunderterstelle des 1. Faktors mit der **Zehnerstelle** des zweistelligen 2. Faktors.

Ergänze eine Null. → Schreibe **0**.

$2 \cdot 4 = 8$ → Schreibe 8.

$2 \cdot 8 = 16$ → Schreibe 6, merke **1**.

$2 \cdot 6 = 12$; $12 + 1 = 13$ → Schreibe 13.

Multipliziere jetzt die Stellen des 1. Faktors mit der **Einerstelle** des 2. Faktors.

$8 \cdot 4 = 32$ → Schreibe 2, merke **3**.

$8 \cdot 8 = 64$; $64 + 3 = 67$ → Schreibe 7, merke **6**.

$8 \cdot 6 = 48$; $48 + 6 = 54$ → Schreibe 54.

Addiere zum Schluss die Teilergebnisse.

**30** Schreibe zu den Bildern passende Multiplikationsaufgaben und löse sie.

a) 

b) 

c) 

d) 

**31** Vervollständige die Tabellen. Rechne im Kopf.

a)

| · | 4 | 6 | |
|---|---|---|---|
| | | 18 | |
| 5 | | | 35 |
| 12 | | | |

b)

| · | | 9 | |
|---|---|---|---|
| 5 | 10 | | 55 |
| | | 72 | |
| 14 | | | |

**32** Löse die Aufgaben durch schriftliches Multiplizieren.

a) $1\,205 \cdot 5$ b) $874 \cdot 7$

c) $82 \cdot 67$ d) $423 \cdot 12$

e) $2\,243 \cdot 15$ f) $289 \cdot 36$

g) $9\,138 \cdot 34$ h) $39\,047 \cdot 79$

**33** Multipliziere das Ergebnis immer mit der nächsten Zahl.
Berechne die Aufgaben, falls nötig, schriftlich.

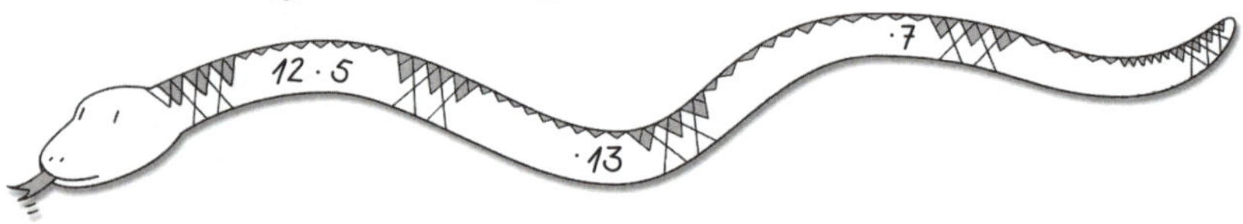


**34** Ergänze die fehlenden Ziffern.

a)

| | | | | | |
|---|---|---|---|---|---|
| □ | 4 | 5 | · | 2 | 3 |
| | | 6 | □ | □ | 0 |
| + | | □ | □ | □ | 5 |
| | | 7 | □ | 3 | □ |

b)

| | | | | | |
|---|---|---|---|---|---|
| 7 | 8 | □ | · | □ | 6 |
| | □ | □ | 6 | □ | □ |
| + | | 4 | □ | 9 | 8 |
| | □ | □ | 3 | 5 | □ |

## 4 Division

Die vierte Grundrechenart ist die Division. Sie ist die **Umkehrung** der Multiplikation. Du kannst also jede Divisionsaufgabe durch eine entsprechende Multiplikationsaufgabe kontrollieren und umgekehrt.

Bei der Division wird ein **Dividend** durch einen **Divisor** dividiert (geteilt). Das Ergebnis ist der Wert des **Quotienten**.

**Dividend** **Divisor**

$90 : 6 = 15$

**Quotient** **Wert des Quotienten**

Bei der **schriftlichen Division** wird Schritt für Schritt geprüft, wie oft der Divisor in den Dividenden „passt“.

- **Zerlege den Dividenden** ziffernweise und dividiere jeweils durch den Divisor.
- Schreibe die Teilergebnisse **stellengerecht** untereinander.
- Anschließend wird **subtrahiert**, eine weitere **Ziffer nach unten** geholt und die Division fortgesetzt.
- Wenn eine Division am Ende nicht „glatt“ aufgeht, ergibt sich ein **Rest**.

Beispiele

**1.** Dividiere 392 durch 4.

*Lösung:*

$$\begin{array}{r}
392 : 4 = 98 \\
\underline{-36\phantom{2}} \\
32 \\
\underline{-32} \\
0
\end{array}$$

Da der Divisor (4) größer ist als die erste Ziffer des Dividenden (3), werden die ersten beiden Ziffern des Dividenden zusammengefasst.

- Die 4 passt **9**-mal in 39.
  → Schreibe 9 nach rechts.
  Ziehe das Zwischenergebnis ($9 \cdot 4 = 36$) ab.
  → Schreibe 3 und hole die 2 nach unten.
- Die 4 passt **8**-mal in 32.
  → Schreibe 8 nach rechts.
  Ziehe das Zwischenergebnis ($8 \cdot 4 = 32$) ab.
  → Schreibe 0.

Die Division geht auf, es bleibt **kein Rest**.

**2.** Dividiere 3 221 durch 3.

*Lösung:*

$$\begin{array}{l}
3221 : 3 = 1073 \text{ Rest } 2 \\
\underline{-3}\phantom{221} \\
\phantom{-}02\phantom{21} \\
\underline{-00}\phantom{21} \\
\phantom{-0}22\phantom{1} \\
\phantom{-}\underline{-21}\phantom{1} \\
\phantom{-00}11 \\
\phantom{-00}\underline{-9} \\
\phantom{-000}2
\end{array}$$

- Die 3 passt **1**-mal in 3.
  → Schreibe 1 nach rechts.
  Ziehe das Zwischenergebnis ($1 \cdot 3 = 3$) ab.
  → Schreibe 0 und hole die 2 nach unten.
- Die 3 passt **0**-mal in 2.
  → Schreibe 0 nach rechts.
  Ziehe das Zwischenergebnis ($0 \cdot 3 = 0$) ab.
  → Schreibe 2 und hole die 2 nach unten.
- Die 3 passt **7**-mal in 22.
  → Schreibe 7 nach rechts.
  Ziehe das Zwischenergebnis ($7 \cdot 3 = 21$) ab.
  → Schreibe 1 und hole die 1 nach unten.
- Die 3 passt **3**-mal in 11.
  → Schreibe 3 nach rechts.
  Ziehe das Zwischenergebnis ($3 \cdot 3 = 9$) ab.
  → Schreibe 2.

Die Division geht nicht auf, es bleibt ein **Rest von 2**.

**3.** Dividiere 6 912 durch 18.

*Lösung:*

$$\begin{array}{r}
6912:18=384\\
-54\phantom{12}\\
\hline
151\phantom{2}\\
-144\phantom{2}\\
\hline
72\\
-72\\
\hline
0
\end{array}$$

- Die 18 passt **3**-mal in 69.
  → Schreibe 3 nach rechts.
  Ziehe das Zwischenergebnis $(3 \cdot 18 = 54)$ ab.
  → Schreibe 15 und hole die 1 nach unten.
- Die 18 passt **8**-mal in 151.
  → Schreibe 8 nach rechts.
  Ziehe das Zwischenergebnis $(8 \cdot 18 = 144)$ ab.
  → Schreibe 7 und hole die 2 nach unten.
- Die 18 passt **4**-mal in 72.
  → Schreibe 4 nach rechts.
  Ziehe das Zwischenergebnis $(4 \cdot 18 = 72)$ ab.
  → Schreibe 0.

Die Division geht auf, es bleibt **kein Rest**.

**35** Löse die Aufgaben durch schriftliches Dividieren.

a) $336:8$ b) $1\,205:5$
c) $4\,473:3$ d) $5\,200:25$
e) $3\,096:12$ f) $2\,464:56$
g) $98\,340:15$ h) $89\,884:23$

**36** Dividiere. Achte auf den Rest.

a) $367:8$ b) $9\,993:7$
c) $20\,346:13$ d) $1\,284:39$

**37** Welche Ergebnisse sind falsch, welche sind richtig?
Verbessere die falschen Ergebnisse.

a) $578:578=0$ b) $436\,000:100=4\,360$
c) $21\,310:1=2131$ d) $1\,000\,000:5\,000=20$
e) $12\,000:40=3\,000$ f) $903:21=43$
g) $1\,502:17=88$ Rest 7 h) $6\,988:34=205$ Rest 18

**38** Berechne die Aufgaben und mache die Probe mit einer Umkehraufgabe.

a) $702:9$ b) $1\,610:35$
c) $6\,908:22$ d) $13\,440:42$

**39** Ergänze die fehlenden Ziffern.

a)
```
□45 : 5 = 1□9
-5
 2□
-20
  4□
 -□□
   0
```

b)
```
47□8□ : 13 = 36□□
-□□
  □3
 -78
   □□
  -52
    □□
   -65
     0
```

## Vermischte Aufgaben

**40** Setze in die Lücken + oder – ein, damit die Ergebnisse stimmen.

a) 69 □ 25 □ 56 = 100

b) 47 □ 33 □ 180 = 260

c) 211 □ 73 □ 84 □ 167 = 55

d) 312 □ 96 □ 19 □ 27 = 170

**41** Vervollständige die Rechenbäume.

a)
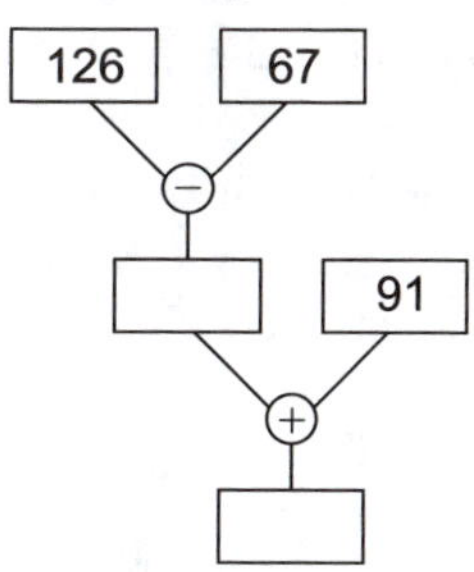


b)
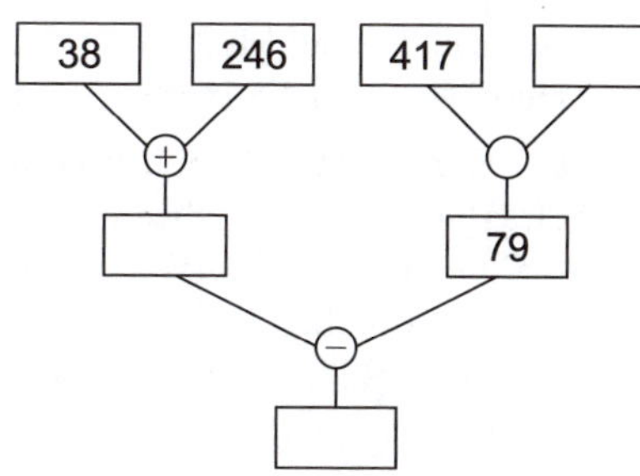


c)
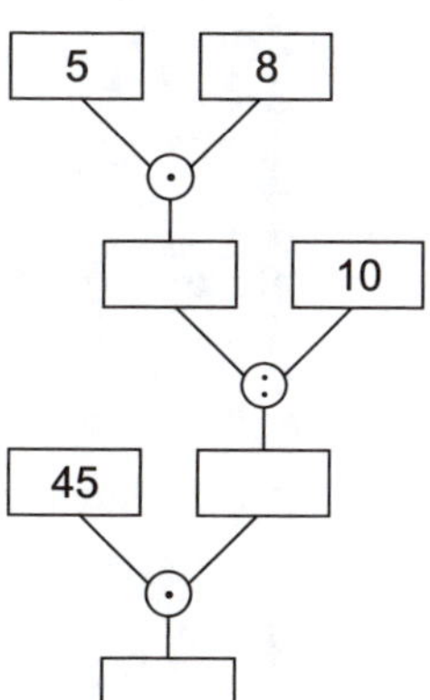


d)
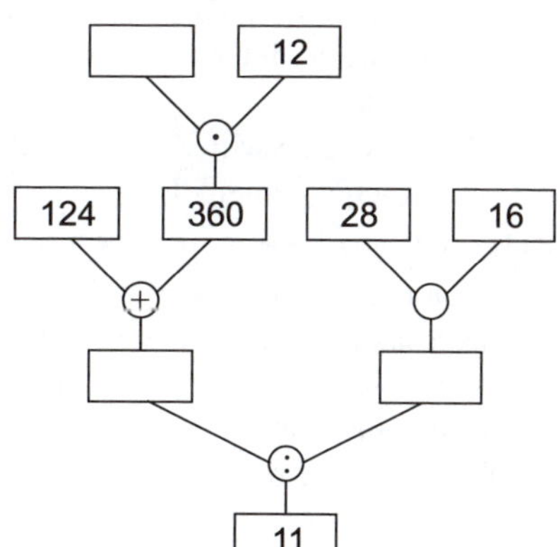

**42** Schreibe die Rechnungen auf und bestimme das Ergebnis.

a) Bilde das Produkt aus 587 und 13.

b) Berechne die Summe der Zahlen 2 035 und 8 473.

c) Der Minuend ist die Zahl 41 250, der Subtrahend lautet 18 022.
Bestimme die Differenz.

d) Subtrahiere 198 und 2 310 von 3 417.

e) Addiere 582 zur Summe aus 319 und 216.

f) Bilde den Quotienten aus 492 und 12.

**43** Schreibe zu folgenden Zahlenaufgaben die entsprechenden Aufgaben in Worten. Verwende die mathematischen Fachbegriffe.

a) $365 + 19 + 36$

b) $366 : 3$

c) $45 - 13 + 7$

d) $12 \cdot 2 \cdot 3$

**44** Zum Lösen der Sachaufgaben musst du verschiedene Grundrechenarten anwenden.

a) Herr und Frau Hofland haben drei Kinder. Tim ist zehn Jahre alt und bekommt im Monat 12 € Taschengeld. Die 14-jährige Lena erhält von ihren Eltern 17 € pro Monat. Die 20 Jahre alte Eva studiert und bekommt für Taschengeld und Miete ihrer Studentenwohnung monatlich 342 €.
Wie viel zahlen die Hoflands ihren Kindern im Jahr?

b) Herr Kurz verdient 1 360 € netto im Monat. Die Warmmiete seiner Wohnung beträgt 480 €. Da er aber von einem Eigenheim träumt, zahlt er pro Monat 50 € in einen Bausparvertrag ein. Für Auto und zusätzliche Versicherungen werden monatlich noch 170 € von seinem Konto abgebucht.
Wie viel Geld hat er nach Abzug seiner Kosten noch zur Verfügung?

c) Der Bauer Gruber hat insgesamt 44 Kühe. Zusammen geben sie beim Melken am Vormittag 1 276 Liter Milch. Beim Melken am Nachmittag sind es insgesamt 1 408 Liter.
Wie viele Liter Milch produziert eine Kuh durchschnittlich an einem Tag?

d) Frau Frenz fährt täglich 48 km von zu Hause in die Arbeit (einfache Strecke). Im Monat März fährt sie insgesamt 22-mal zur Arbeit und zurück.
Wie viele Kilometer hat sie insgesamt nach diesem Monat auf dem Tachometer, wenn der Tachostand Ende Februar bei 32 136 km war?

## 5 Überschlag

Der Überschlag ist eine **ungefähre Schätzung**. Eine Überschlagsrechnung liefert nicht das exakte Ergebnis, sondern vermittelt nur einen Anhaltswert für das Ergebnis.

- Mithilfe des Überschlags kannst du deine Rechenergebnisse vor der exakten Berechnung **abschätzen** und nach dem Ausrechnen nochmals **überprüfen**. Kontrolliere deine Rechnungen deshalb möglichst immer mit einer Überschlagsrechnung.
- **Runde** beim Überschlag alle Zahlen so, dass du damit leicht **im Kopf** rechnen kannst. Dabei kannst du manchmal auch von den Rundungsregeln abweichen.

Beispiele

Überschlage jeweils das Ergebnis und berechne dann genau.

**1.** $729 + 979 - 382$

*Überschlag:*
$700 + 1\,000 - 400 = 1\,300$

Runde beim Überschlag die Zahlen so, dass du damit leicht im Kopf rechnen kannst.

*Genaues Ergebnis:*
$729 + 979 - 382 =$
$1\,708 \quad - 382 = 1\,326$

**2.** $274 \cdot 33$

*Überschlag:*
$300 \cdot 30 = 9\,000$

Runde beim Überschlag die Faktoren so, dass du sie leicht im Kopf multiplizieren kannst.

*Genaues Ergebnis:*

```
274 · 33
--------
   8220
+   822
    1
--------
   9042
```

**3.** $2\,496 : 78$

*Überschlag:*
$2\,400 : 80 = 30$

Runde hier den Dividenden entgegen der Rundungsregel auf 2 400 ab, damit die Überschlagsrechnung eine ganze Zahl ergibt.

*Genaues Ergebnis:*

```
 2496 : 78 = 32
-234
 ----
  156
 -156
 ----
    0
```

**45** Überschlage.

a) $17+31+88+44$
b) $123+487+767-332$
c) $17 \cdot 31$
d) $123 \cdot 487$
e) $594:66$
f) $7\,182:57$

**46** Können die Ergebnisse stimmen?
Prüfe jeweils durch eine Überschlagsrechnung. Rechne anschließend nach.

a) $53\,788-3\,654=5\,134$
b) $245+36+85=266$
c) $207 \cdot 7=1\,428$
d) $1\,932:37=52$ Rest 8
e) $6\,493:43=1\,500$
f) $88 \cdot 1\,015=89\,320$

**47** Welches Ergebnis gehört zu welcher Aufgabe?
Wenn du sie richtig sortierst, entsteht ein Lösungswort.
Überschlage, dann kannst du viel Zeit sparen.

a) $3\,492:12$
b) $12\,413+587+11\,312$
c) $5\,012-4\,117+934$
d) $9 \cdot 306$
e) $11 \cdot 36 \cdot 54$
f) $5\,226-1\,116-2\,871$

C 24 312
Z 1 239
A 2 754
H 1 829
T 21 384
S 291

Lösungswort: ☐☐☐☐☐☐

**48** Familie Mitterer aus München fährt diesen Sommer mit dem Auto nach Italien. Die Mitterers verbringen ihren zweiwöchigen Urlaub am 414 km entfernten Gardasee. Von dort unternehmen sie Tagesausflüge in folgende Orte:

- Verona (34 km einfache Fahrt)
- Venedig (312 km Hin- und Rückfahrt)
- Parma (166 km einfache Fahrt)

Mit einer Tankfüllung können die Mitterers im Durchschnitt 820 km fahren.
Reichen ihnen zwei Tankfüllungen für die gesamte Urlaubsfahrt? Überschlage.

# Geometrie

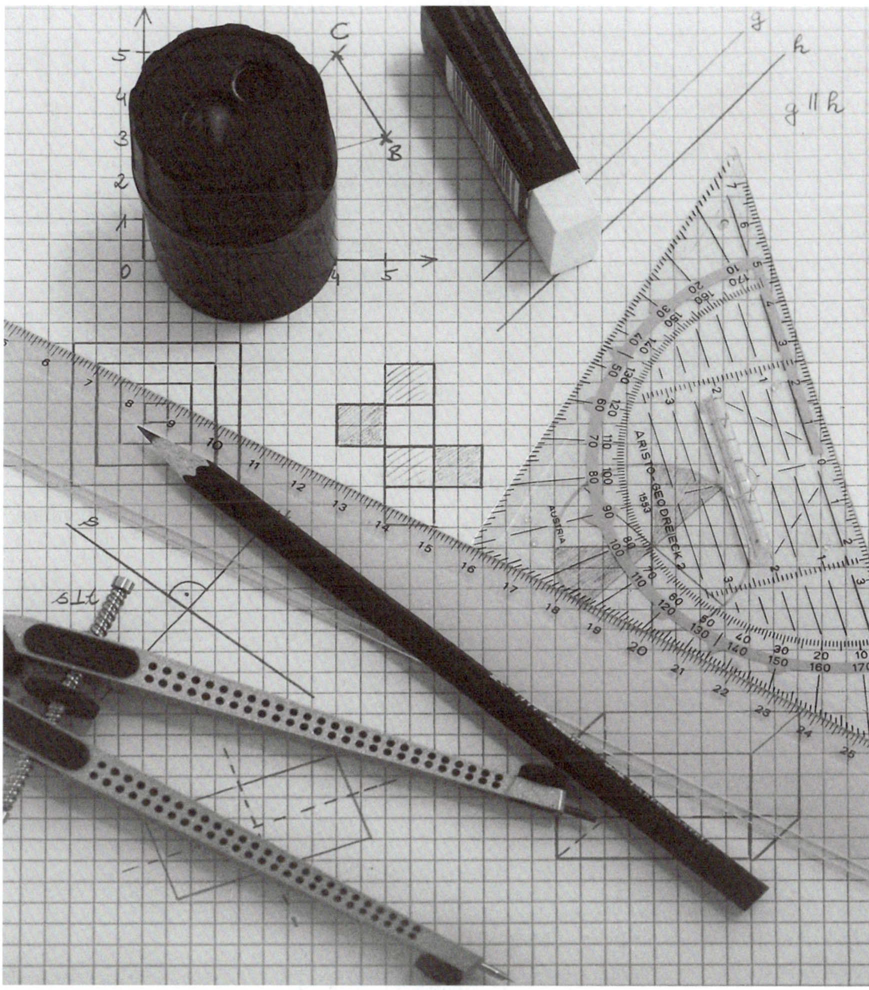


In der Geometrie ist es sehr wichtig dass du ganz genau arbeitest. Damit du exakt **zeichnen** und **messen** kannst, benötigst du folgende **Zeichengeräte:** Gespitzter Bleistift, Geodreieck, Lineal und Zirkel.

# 1 Zeichnen und Messen

Mit dem **Geodreieck** kannst du Strecken und Winkel exakt zeichnen und messen.

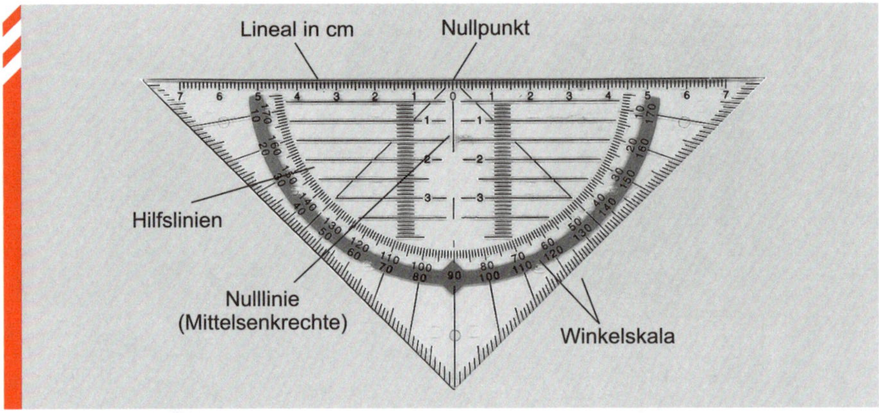


Beispiel

Miss die Länge der angegebenen Strecke.

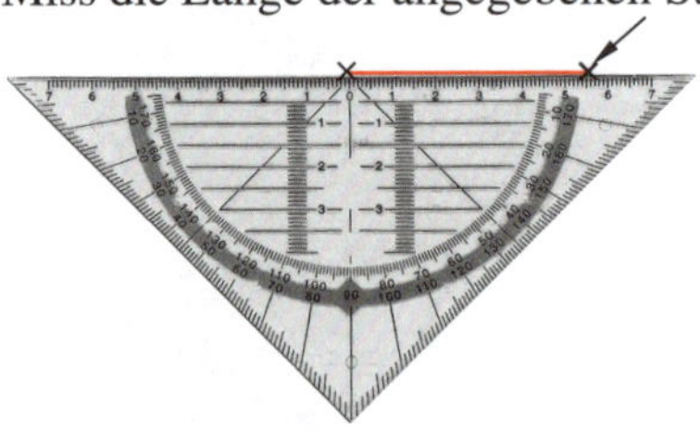

Lege den Nullpunkt des Geodreiecks am Anfangspunkt der Strecke an und lies die Länge der Strecke ab.

*Lösung:*
Gemessene Streckenlänge:
5 cm 5 mm = 5,5 cm

**49** Miss die Länge der Strecken. Welche Strecken sind genau gleich lang? Markiere sie jeweils mit der gleichen Farbe.

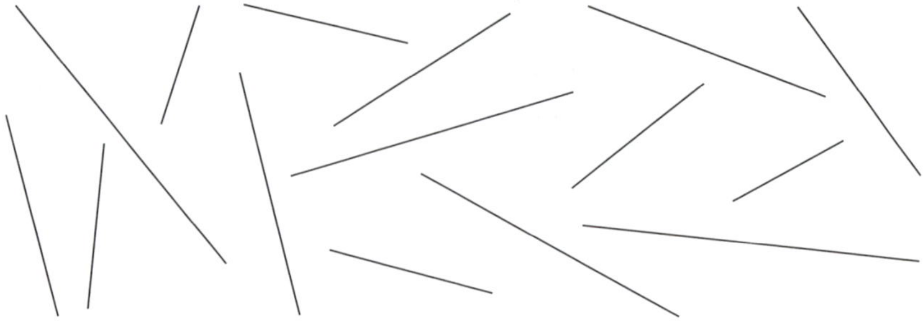

**50** Zeichne jeweils die fehlende Seite in die Figuren ein und miss ihre Länge. Ordne den Figuren die richtigen Namen zu und du erhältst ein Lösungswort.

a)
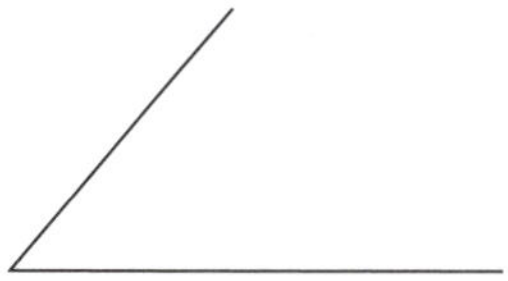

b)

c)
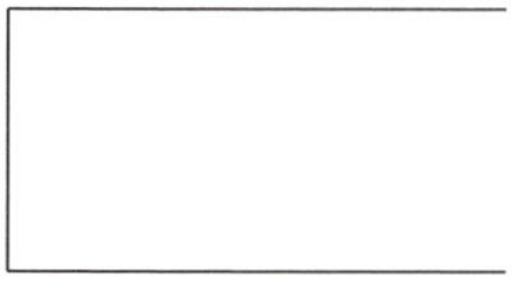

d)

e)
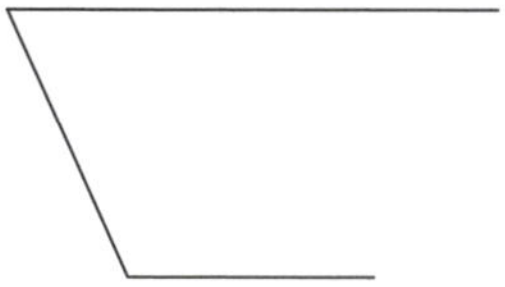

f)
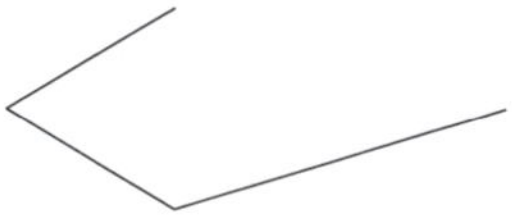

Trapez **H** Quadrat **L** Rechteck **Ä**
Dreieck **F** Parallelogramm **C** Drachenviereck **E**

Lösungswort:

☐ ☐ ☐ ☐ ☐ ☐

## 2 Strecke, Gerade und Halbgerade

Die Grundelemente in der Geometrie sind **Punkte** und **Linien**.

- Die **Strecke [AB]** ist eine gerade Linie, die von den Punkten A und B **begrenzt** wird. Ihre **Länge** ist $\overline{AB}$.
- Verlängert man eine Strecke unendlich weit über beide Endpunkte A und B hinaus, erhält man eine **Gerade AB**.
- Verlängert man eine Strecke [AB] nur über den Endpunkt B hinaus, erhält man eine **Halbgerade** (Strahl) **[AB**.

eispiele

**1.** Zeichne die Strecke [AB] und miss ihre Länge.

*Lösung:*

[AB] ist die kürzeste Verbindung zwischen A und B.

$\overline{AB} = 5\text{ cm}$

**2.** Zeichne die Gerade AB und miss ihre Länge.

*Lösung:*

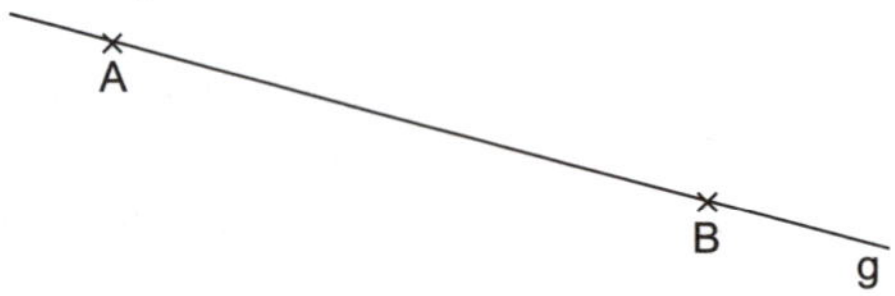


Verbinde A und B und verlängere die Strecke über die Punkte hinaus.

Geraden werden oft auch mit Kleinbuchstaben bezeichnet.

Die Länge einer Geraden kann man nicht messen!

**51** Kreuze wahre Aussagen an.

☐ Von Geraden kannst du immer nur einen Ausschnitt zeichnen.

☐ Eine Halbgerade ist eine gerade Linie, die nur an einem Ende durch einen Punkt begrenzt wird.

☐ EF ist eine Strecke, die durch die Punkte E und F verläuft.

☐ Eine Gerade ist durch zwei Punkte eindeutig bestimmt.

☐ Eine Strecke hat einen Anfangspunkt, aber keinen Endpunkt.

☐ $\overline{PQ} = 5$ m gibt die Länge der Geraden PQ an.

☐ Eine Halbgerade wird auch Strahl genannt.

**52** Gib jeweils an, ob es sich um eine Gerade, Halbgerade oder Strecke handelt.

a)

b)

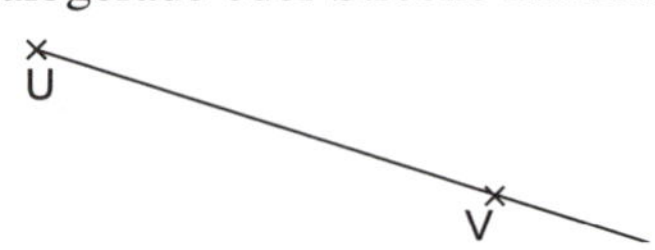


c)

d)

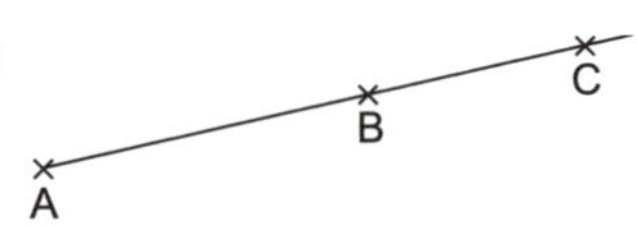


**53** Zeichne die Gerade AB, die Halbgerade [BC und die Strecke [CD].
Gib die Länge der Strecke [CD] an.

# 3 Senkrechte und parallele Geraden

Eine Wasserwaage kann dir unter anderem dabei helfen, ein Bild gerade an die Wand zu hängen.
Die Funktionsweise einer Wasserwaage beruht dabei auf **parallelen** und **senkrechten** Geraden.

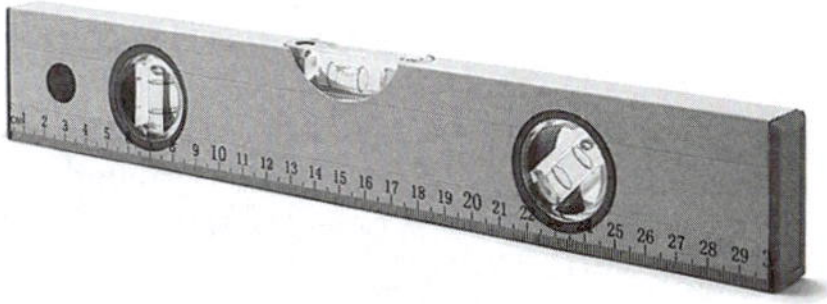

- Schneiden sich zwei Geraden g und h im rechten Winkel (90°), dann stehen sie senkrecht aufeinander. Man schreibt **g ⊥ h**.
- Haben zwei Geraden g und h keinen Schnittpunkt miteinander, dann sind sie parallel. Man schreibt **g || h**.

Beispiele

**1.** Zeichne zur Geraden g eine parallele Gerade h.

*Lösung:*

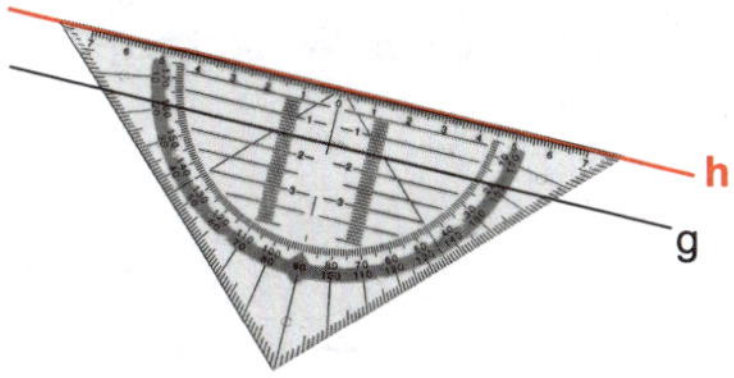


Um zueinander parallele Geraden zu zeichnen, benutze die **parallelen Hilfslinien** auf deinem Geodreieck.
Vergiss nicht, die gezeichnete Gerade zu beschriften.

**2.** Zeichne eine Gerade k, die senkrecht zur Geraden s steht.

*Lösung:*

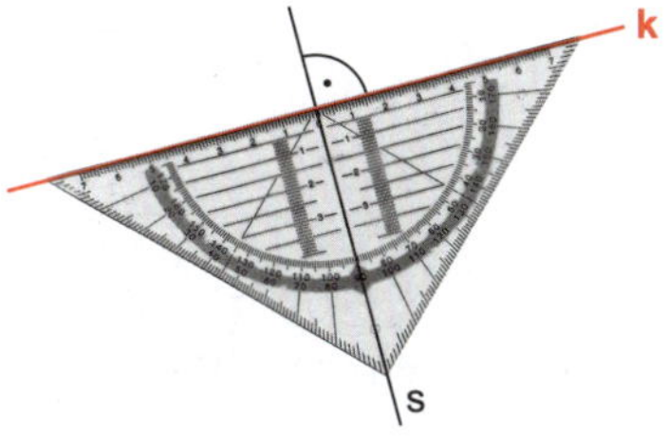


Um zueinander senkrechte Geraden zu zeichnen, benutze die **Nulllinie** auf dem Geodreieck.
Man sagt auch:
k ist die **Senkrechte** zu s.

Mithilfe von senkrechten Geraden kannst du **Abstände** bestimmen:

Der **Abstand** zwischen einem Punkt P und einer Geraden g ist die Länge der kürzesten Verbindung zwischen P und einem Punkt Q auf g.

Beispiel

Bestimme den Abstand von Punkt P zur Geraden g.

*Lösung:*

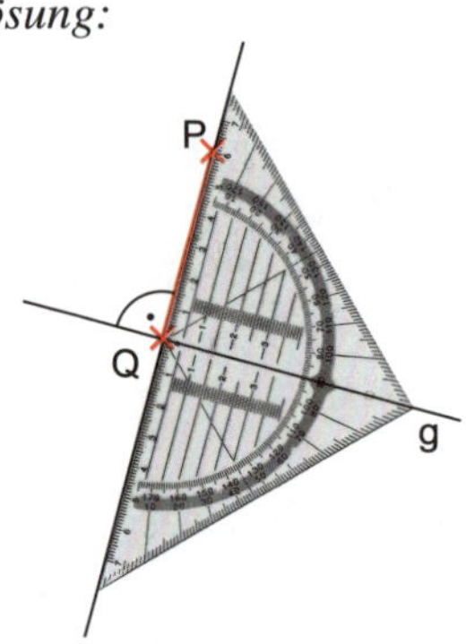


Zeichne zur Geraden g eine Senkrechte durch den Punkt P. Die Nulllinie auf dem Geodreieck hilft dir dabei.

Miss die Länge der Strecke [PQ].

Der Abstand beträgt 6 cm.

**54** Überprüfe mithilfe deines Geodreiecks, welche Geraden parallel und welche zueinander senkrecht sind.
Zeichne bei zueinander senkrechten Geraden den rechten Winkel ein und markiere parallele Geraden in der gleichen Farbe.

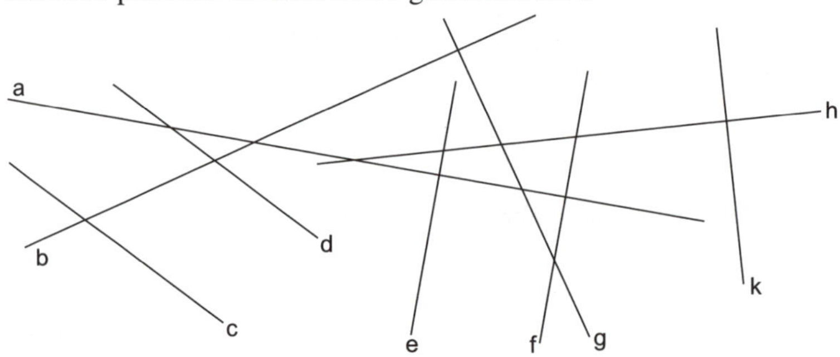


**55** Zeichne zur Geraden h jeweils

a) eine Parallele h' im Abstand von 2 cm.

b) eine Gerade s, die zu h senkrecht steht und durch den Punkt P verläuft.

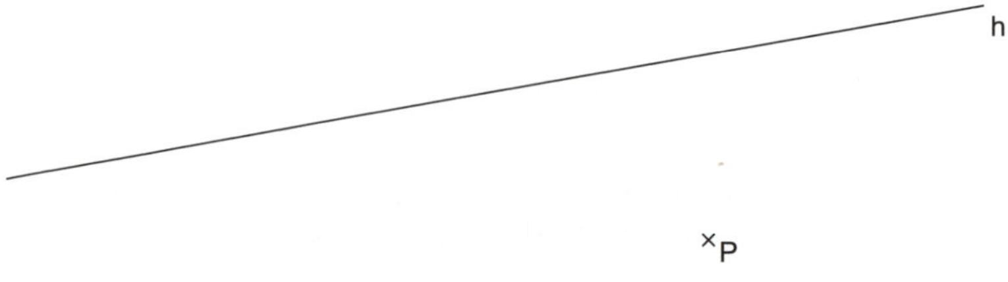

**56** Bestimme die Abstände der Punkte A, B und C zur Geraden g.

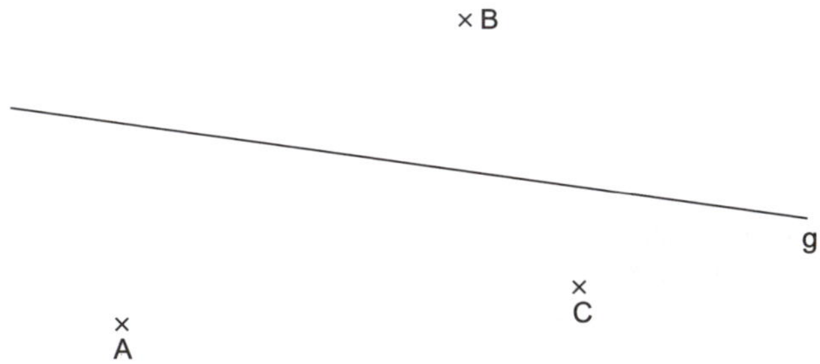


**57** Kapitän Lerrow hat eine Schatzkarte gefunden:

Auf der Rückseite stehen folgende Anweisungen:

- ✗ *Verbinde Schiff B mit Insel A.*
- ✗ *Zeichne zu [AB] eine Parallele h im Abstand von 2 cm auf die Karte.*
- ✗ *Zeichne den Abstand [AC] von A zu h.*
- ✗ *Zeichne zu [AC] eine parallele Gerade k mit 5,5 cm Abstand auf die Karte.*
- ✗ *Suche nach dem Schatz dort, wo sich h und k schneiden.*

Auf welcher Insel sollte Kapitän Lerrow seine Mannschaft nach dem Schatz graben lassen?

# 4 Koordinatensystem

Möchtest du die Lage eines Punktes in einer Zeichnung eindeutig beschreiben, hilft ein **Koordinatensystem (Gitternetz)**.

- Ein Koordinatensystem oder Gitternetz besteht aus einer **Rechtswertachse** (x-Achse) und einer **Hochwertachse** (y-Achse).
- Einen Punkt P in einem Gitternetz beschreibt man durch die sogenannten **Koordinaten**.
  Man schreibt: P(x | y)
  Rechtswert ↗ ↖ Hochwert
- Der Punkt O(0 | 0) heißt **Ursprung**.

Beispiel

Zeichne die Punkte A(4 | 1) und B(2 | 3) in ein Koordinatensystem ein.

*Lösung:*

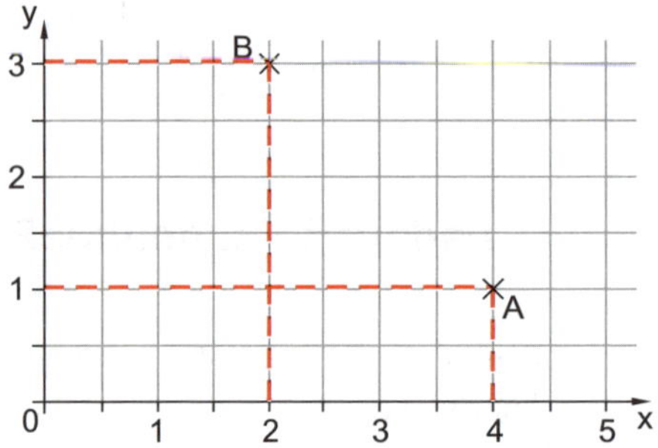


Der **erste** Wert der Koordinaten gibt dir an, wie weit du auf der x-Achse nach **rechts** gehen musst.
Der **zweite** Wert gibt dir an, wie weit du senkrecht nach **oben** gehen musst.

**58** Ergänze die fehlenden Koordinaten.

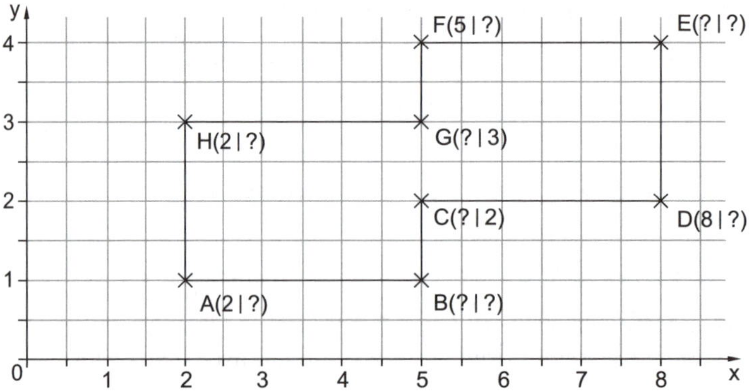

**59** Zeichne die Punkte A(1 | 1), B(5 | 1), C(5 | 3), D(3 | 5) und E(1 | 3) in ein Koordinatensystem (x- und y-Achse jeweils bis 6 cm).
Verbinde die Punkte in folgender Reihenfolge: A-B-C-D-E-A.
Welche Figur kannst du erkennen?

**60** Stadtpläne sind oft mit einem Koordinatensystem versehen.
Kreuze wahre Aussagen an.

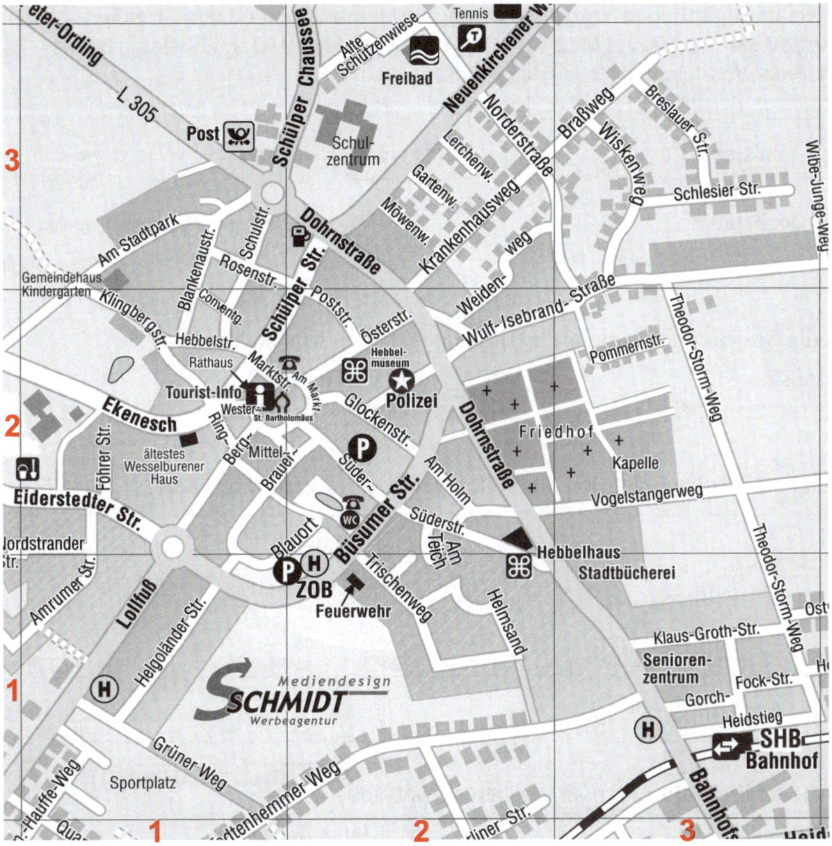


- ☐ Die Feuerwehr findet man im Feld (2 | 1).
- ☐ Der Bahnhof befindet sich im Feld (1 | 3).
- ☐ Das Seniorenzentrum liegt im Feld (3 | 1).
- ☐ Das Freibad und das Schulzentrum haben verschiedene Koordinaten.
- ☐ Geht man von der Tourist-Info zur Polizei, ändert sich nur der Rechtswert der Koordinaten.
- ☐ Der Sportplatz und die Post haben den gleichen Hochwert.

# 5 Vergrößern und Verkleinern

Wenn du in der Schule ein Bild von der Tafel in dein Heft abzeichnest, musst du es verkleinern. Zeichnest du es z. B. im **Maßstab** 1 : 10 (sprich: 1 zu 10) bedeutet das, dass dein Bild im Heft 10-mal kleiner ist, als auf der Tafel.

Beim **maßstäblichen Vergrößern** oder **Verkleinern** werden **alle Streckenlängen** um das gleiche Maß vergrößert oder verkleinert. Der Maßstab gibt das Maß der Verkleinerung oder Vergrößerung an.

Beispiele

**1.** Maßstab 2 : 1

**Vergrößerung:** Alle Streckenlängen werden verdoppelt.

**2.** Maßstab 1 : 2

**Verkleinerung:** Alle Streckenlängen werden um die Hälfte gekürzt.

**61** Miss die Strecken und zeichne sie im angegebenen Maßstab in dein Heft.

a) Maßstab 3 : 1

b) Maßstab 1 : 2

**62** In welchem Maßstab wurden die Seiten verkleinert oder vergrößert?

a)

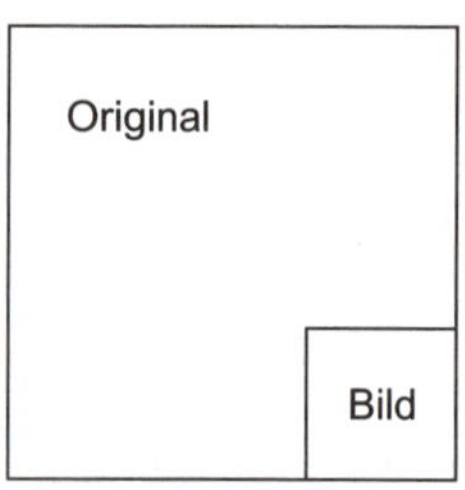


b)

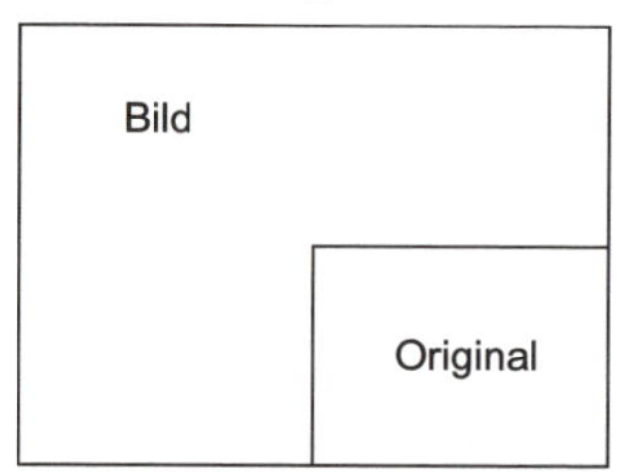


**63** Vergrößere die Figuren im angegebenen Maßstab.

a) Maßstab 3 : 1

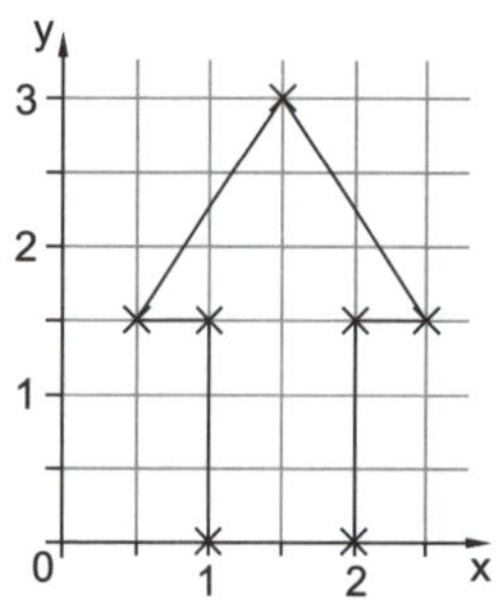


b) Maßstab 2 : 1

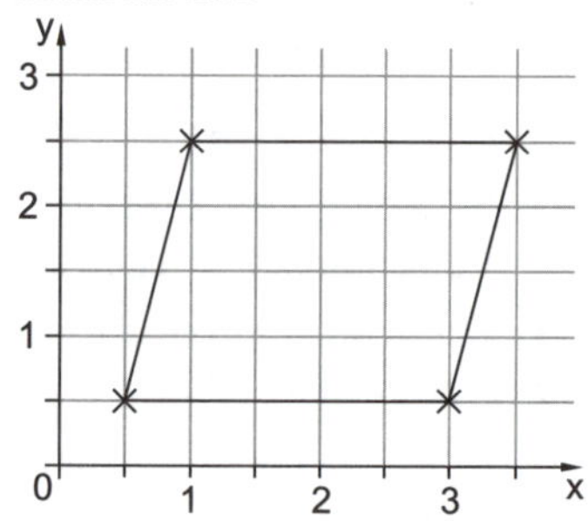

# 6 Spiegelung an der Symmetrieachse

Falte ein Blatt Papier und schneide ein Muster aus. Wenn du das Blatt wieder aufklappst, erhältst du eine zur Faltachse symmetrische Figur.

Solche Figuren erhält man in der Mathematik durch **Achsenspiegelung**.

- Eine Achsenspiegelung wird durch die **Spiegelachse** oder **Symmetrieachse** festgelegt.
- Die **Original-** und **Bildpunkte** haben zur Spiegelachse jeweils den **gleichen Abstand**.

Beispiele

**1.** Bilde die Punkte P und Q durch Spiegelung an der Spiegelachse s auf die Punkte P' und Q' ab.

*Lösung:*

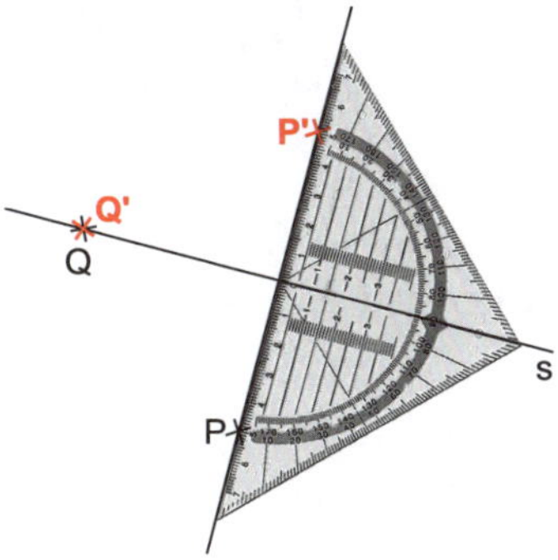


Lege die Nulllinie deines Geodreiecks an der Spiegelachse an. Der Abstand des Bildpunktes P' zur Achse muss genauso groß sein wie der des Punktes P.

Punkte **auf** der Spiegelachse werden auf sich selbst abgebildet, d. h., Q und Q' sind ein Punkt.

**2.** Zeichne in die Figuren alle Symmetrieachsen ein.

*Lösung:*

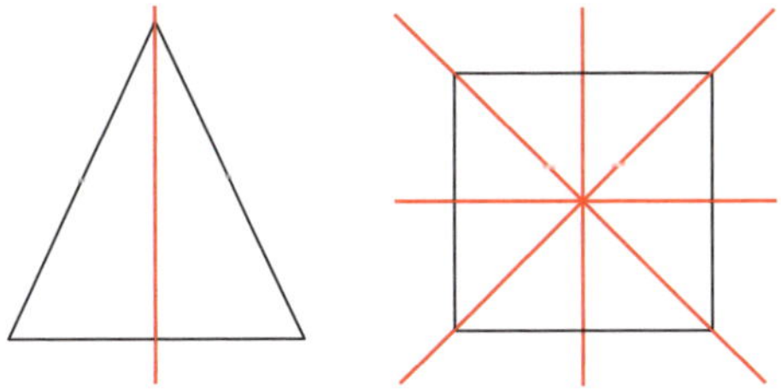

Falte in Gedanken die Figuren jeweils an der Symmetrieachse. Überdecken sich die Flächen?

Figuren können auch mehr als eine Symmetrieachse haben.

**64** Zeichne in die abgebildeten Figuren alle möglichen Symmetrieachsen ein.

**65** Übertrage die Figuren in dein Heft und spiegle sie an der Symmetrieachse. Im Anschluss kannst du die Figuren ausschneiden und dein Ergebnis durch Falten an der Achse überprüfen.

a)
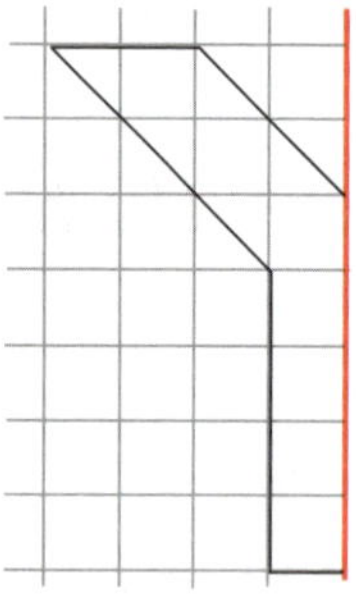

b)

c)
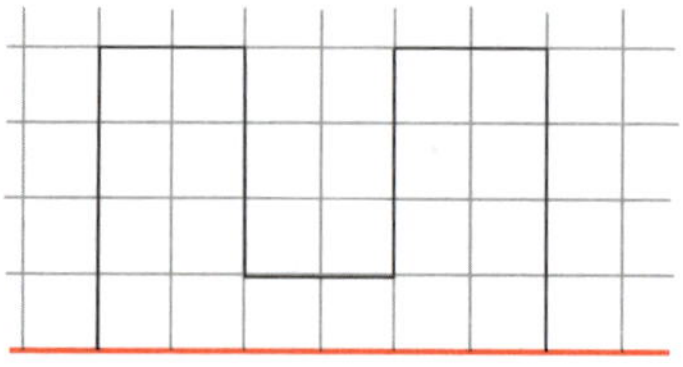

d)
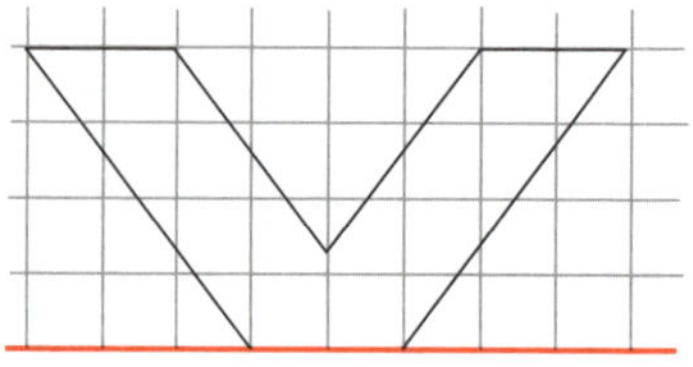

**66** Wurde das Dreieck richtig an der Spiegelachse gespiegelt?
Korrigiere die Fehler.

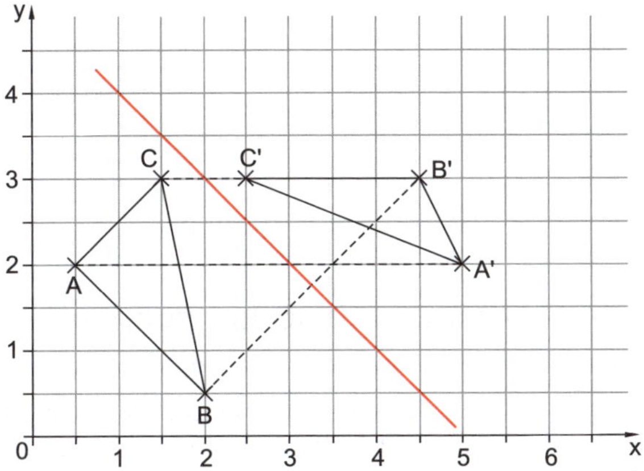


**67** Zeichne in ein Koordinatensystem (x- und y-Achse jeweils bis 9 cm) folgende Punkte ein: A(1 | 3), B(3 | 3), C(2 | 1), D(6 | 1), U(2 | 7), V(8 | 1)
Spiegle alle Punkte an der Geraden, die durch U und V geht, und gib die Koordinaten aller Bildpunkte an.

## 7 Rechteck und Quadrat

Rechteck und Quadrat sind Vierecke mit besonderen Eigenschaften:

- Ein **Rechteck** hat vier rechte Winkel. Gegenüberliegende Seiten sind im Rechteck gleich lang.
- Das **Quadrat** ist ein besonderes Rechteck. Es hat neben vier rechten Winkeln auch vier gleich lange Seiten.

Beispiele

**1.** Zeichne ein Rechteck mit den Seitenlängen a = 3 cm und b = 2 cm und beschrifte es.

*Lösung:*

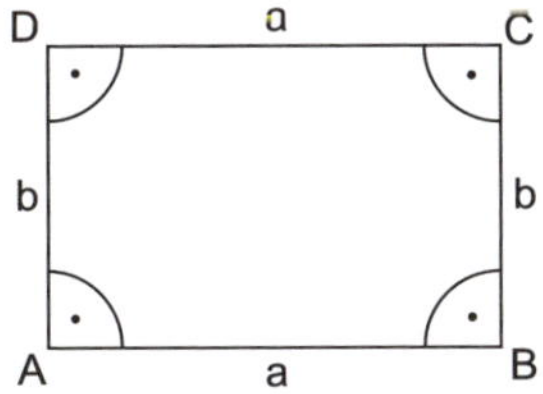


Zeichne zuerst die Seite a = 3 cm mit den Eckpunkten A und B.
Zeichne dann durch B eine Senkechte mit der Länge b = 2 cm. Dann erhältst du die Ecke C.
Zeichne jetzt je eine Parallele zu den Seiten a und b. So erhältst du Punkt D.

**2.** Welche Figur wurde hier gezeichnet?

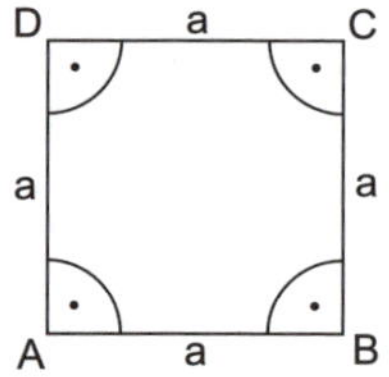


*Lösung:*

Die Figur ist ein Quadrat.

Alle vier Seiten sind gleich lang und stehen jeweils senkrecht aufeinander.

**68** Bei welcher der abgebildeten Figuren handelt es sich um ein Quadrat oder ein Rechteck?
Gib von diesen Figuren jeweils die Länge der Seiten an.

a)

b)

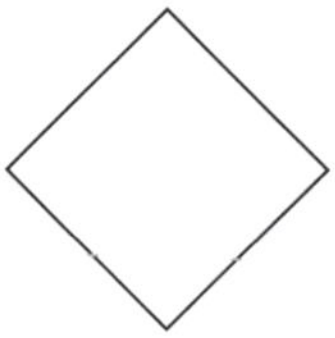

c)

d)

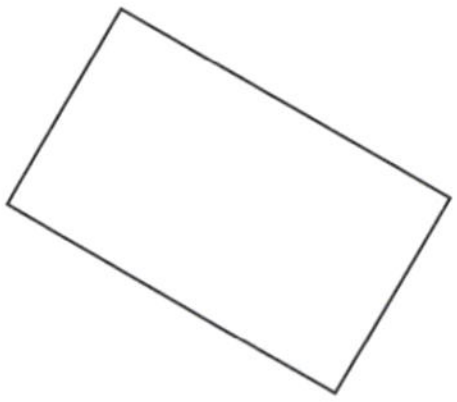

e)

f)

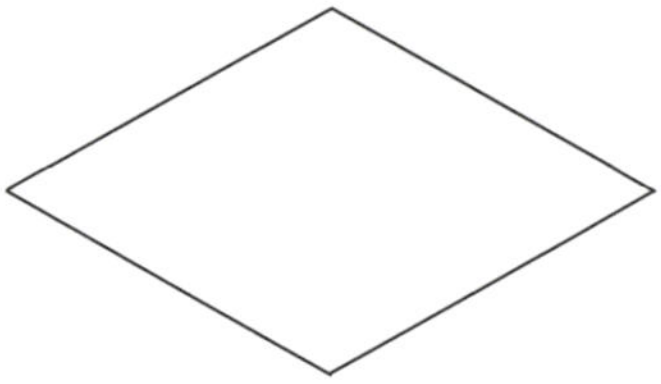

**69** Zeichne folgende Vierecke:

a) Rechteck mit a = 3 cm und b = 4 cm

b) Quadrat mit a = 5 cm

c) Rechteck mit a = 2,5 cm und Seite b ist doppelt so lang wie Seite a

**70** Übertrage die Figur in dein Heft und ergänze sie zu einem Quadrat.

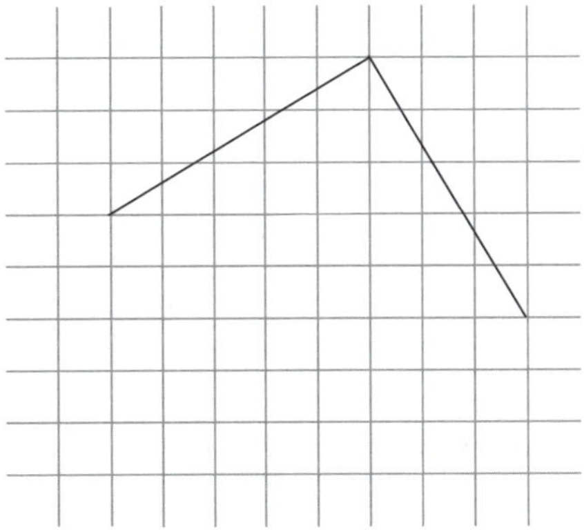

**71** Trage in ein Koordinatensystem (x- und y-Achse jeweils bis 5 cm) die Punkte A(1 | 3), B(4 | 1) und C(5 | 2,5) ein.
Ergänze den Punkt D so, dass A, B, C und D die Eckpunkte eines Rechtecks bilden. Welche Koordinaten hat der Punkt D?

## 8 Umfang und Flächeninhalt von Rechteck und Quadrat

Anna möchte für ihre Hasen eine kleine Fläche im Garten einzäunen. Das Rechteck, das sie sich dafür abgesteckt hat, ist 3 m lang und 2 m breit.
Wie viele Meter Zaun benötigt sie?

Um diese Frage zu beantworten, muss man den **Umfang** des Rechtecks berechnen. Dieser setzt sich aus der Summe aller Seitenlängen zusammen und wird mit **u** abgekürzt.

- **Umfang eines Rechtecks** $u_{Rechteck} = a + b + a + b$
  $u_{Rechteck} = 2 \cdot a + 2 \cdot b$
- **Umfang eines Quadrats** $u_{Quadrat} = a + a + a + a$
  $u_{Quadrat} = 4 \cdot a$

Beispiel

Wie viele Meter Zaun benötigt Anna für ihre Hasen?

*Lösung:*

$u = 3\ m + 2\ m + 3\ m + 2\ m$

$u = 3\ m + 3\ m + 2\ m + 2\ m$

$u = 2 \cdot 3\ m + 2 \cdot 2\ m$

$u = 6\ m + 4\ m$

$u = 10\ m$

Anna benötigt 10 m Zaun.

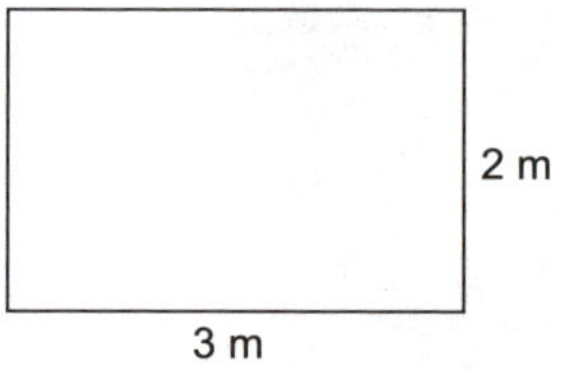


Anna möchte gerne wissen, wie viel Platz ihre Hasen jetzt haben.
Dafür muss sie den **Flächeninhalt** des Rechtecks berechnen.

- **Flächeninhalt eines Rechtecks** $A_{Rechteck} = a \cdot b$
- **Flächeninhalt eines Quadrats** $A_{Quadrat} = a \cdot a$

Beispiel

Wie viel Platz haben Annas Hasen jetzt?

*Lösung:*

$A = a \cdot b$

$A = 3\ m \cdot 2\ m$

$A = 6\ m^2$

Die Hasen haben 6 $m^2$ Platz.

Achte auf die Einheiten: $m \rightarrow m^2$

**72** Berechne den Umfang und Flächeninhalt der dargestellten Quadrate.
Miss die dazu benötigten Längen.

a) 

b) 

**73** Ein Rechteck ist 12 cm lang und halb so breit.
Berechne Flächeninhalt und Umfang.

**74** Wie lang ist eine Seite eines Quadrats, das einen Umfang von 24 cm hat?

**75** Berechne die fehlenden Werte der Rechtecke in der Tabelle.

| | Seite a | Seite b | Flächeninhalt A | Umfang u |
|---|---|---|---|---|
| a) | 4 cm | 5 cm | | |
| b) | 14 m | 8 m | | |
| c) | 3 m | | | 14 m |
| d) | | 10 cm | $20\ cm^2$ | |

**76** Hier sind die Spielfelder von zwei Ballsportarten abgebildet.
Wie groß ist jeweils der Umfang und der Flächeninhalt?

a) Handballfeld

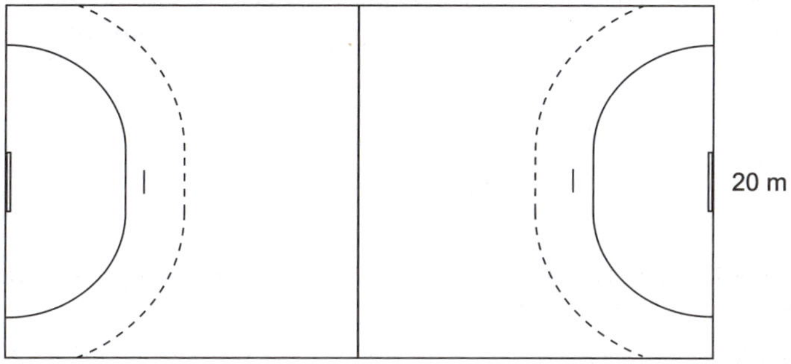


b) Basketballfeld

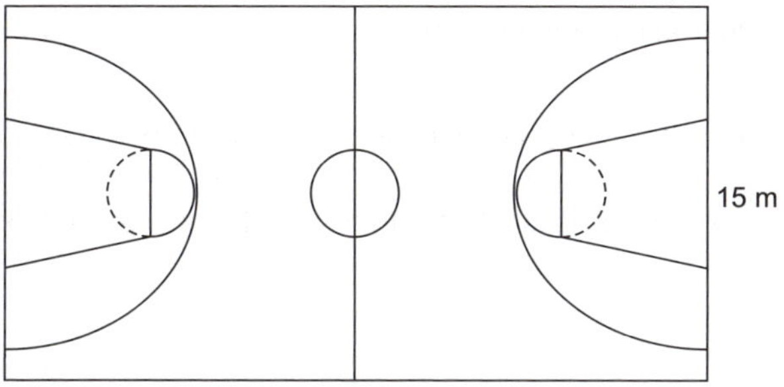


**77** Familie Huber baut ein neues Haus. Für ihr rechteckiges Grundstück benötigen sie noch einen Zaun.
Das Grundstück ist 12 m lang und 8 m breit. Die Einfahrt mit einer Breite von 3 m soll frei bleiben.

a) Wie viele Meter Zaun benötigt Familie Huber?

b) Wie viel muss Familie Huber bezahlen, wenn ein Meter Zaun 28 € kostet?

**78** Der Flur und das Bad des neuen Hauses werden mit Fliesen ausgelegt.
Wie viele Platten sind bereits verlegt und wie viele Platten fehlen noch?

Bad

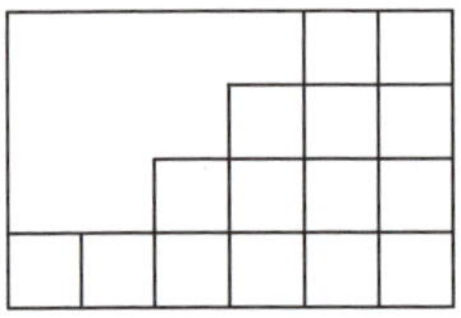

Flur

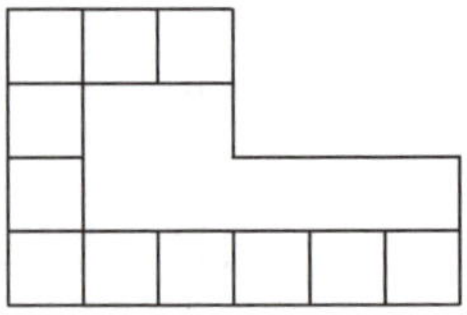

**79** Im Erdgeschoss des Hauses gibt es zwei große Zimmer.
Familie Huber will in dem kleineren Raum die Küche einrichten.
Für welches Zimmer müssen sie sich entscheiden?
Schätze zuerst und rechne dann nach.

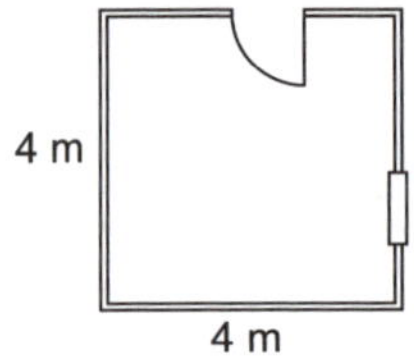


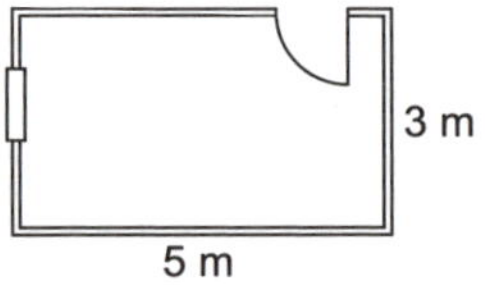


**80** Berechne den Umfang der abgebildeten Figur.

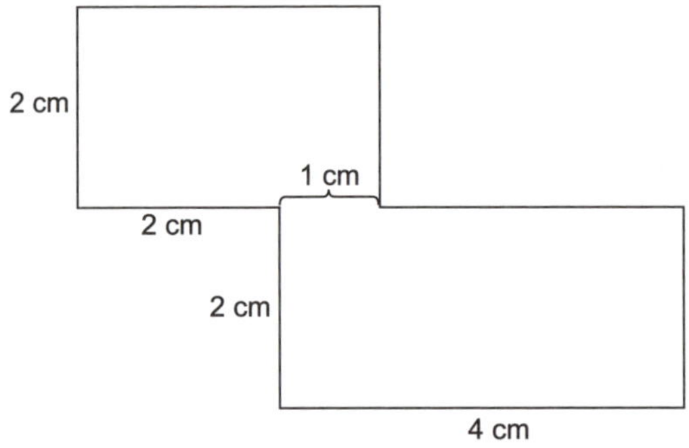


**81** Berechne den Flächeninhalt der abgebildeten Figur.

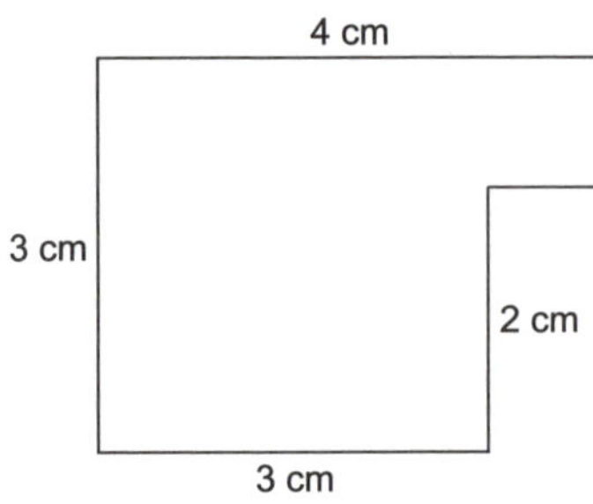

# 9 Körper

Geometrische Körper sind räumliche (dreidimensionale) Formen, die du mithilfe von **Schrägbildern** zeichnen kannst. Die Schrägbilder der wichtigsten Körper sind hier abgebildet:

**Würfel**

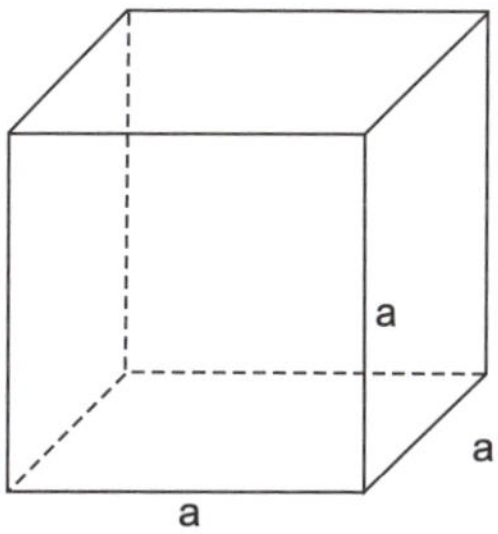


**Quader**

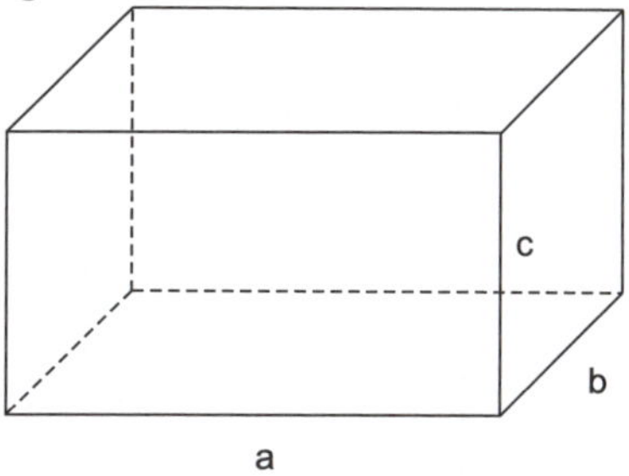


- Ein **Würfel** hat **sechs** gleich große **quadratische Flächen, zwölf Kanten und acht Ecken**.
- Ein **Quader** hat **sechs rechteckige Flächen, zwölf Kanten und acht Ecken**. Gegenüberliegende Flächen sind jeweils gleich groß.

Folgende Körper haben ebenfalls besondere Merkmale:

**Zylinder**

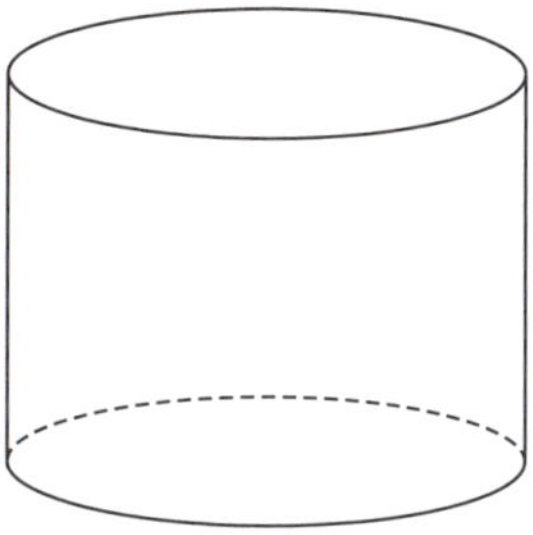

**Pyramide**

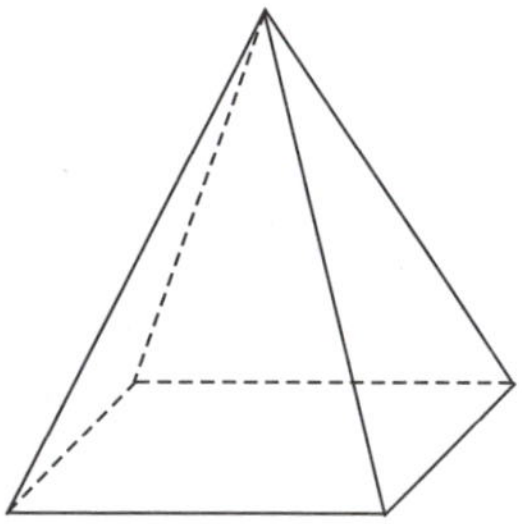

**Dreiecksprisma**

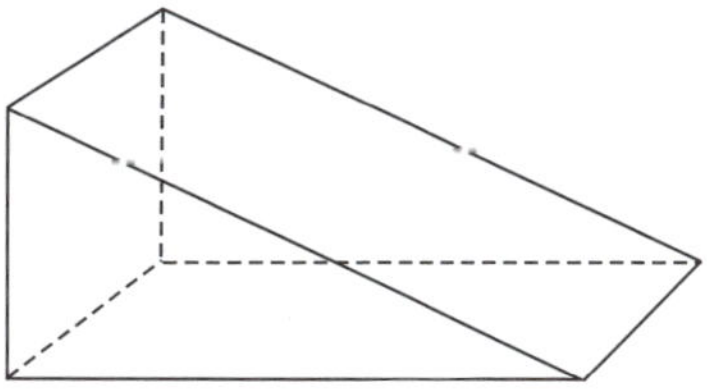

**Kegel**

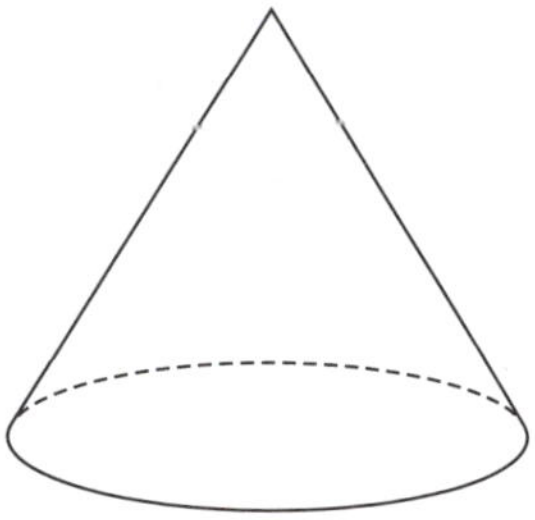

Alle Flächen eines Körpers bilden zusammen die **Oberfläche**.

- Schneidet man einen Körper auf und breitet seine Oberfläche aus, erhält man das **Netz des Körpers** (Abwicklung).
- Es gibt meist **mehrere Möglichkeiten**, das Netz eines Körpers zu zeichnen.
- Umgekehrt lässt sich durch Falten des Netzes ein Körper herstellen.

Beispiele

**1.** Netz eines Würfels

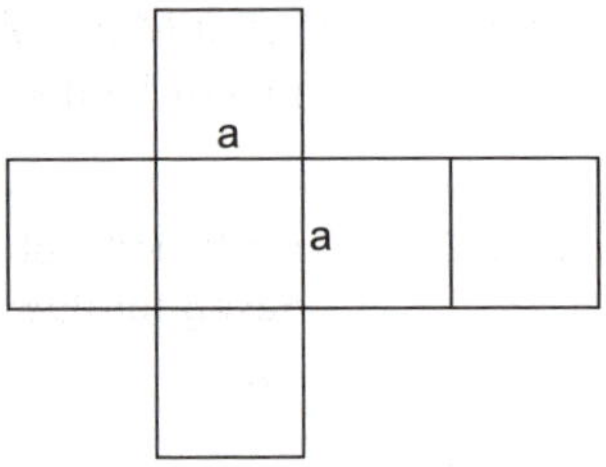


Bei einem Würfelnetz sind sechs gleich große Quadrate so angeordnet, dass beim Zusammenfalten des Netzes ein Würfel entsteht.

Es gibt viele Möglichkeiten, die Quadrate anzuordnen.

**2.** Netz eines Quaders

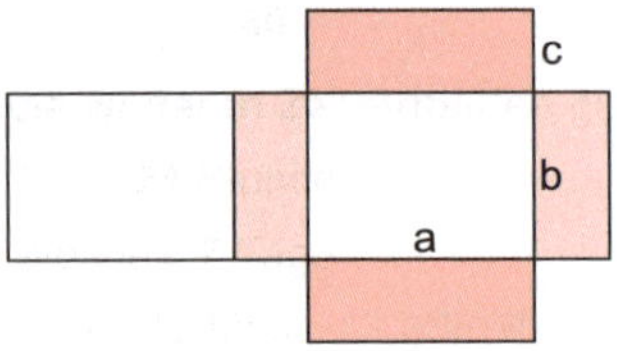


Bei einem Quader liegen sich gleich große Flächen gegenüber.

An jeder Quaderecke treffen drei unterschiedliche Quaderflächen zusammen.

Es gibt viele Möglichkeiten, die Quaderflächen anzuordnen.

**82** Kreuze wahre Aussagen an.

- [ ] Ein Quader besitzt sechs gleich große Flächen.
- [ ] Ein Würfel besitzt zwölf Ecken.
- [ ] Ein Quader besitzt zwölf Kanten.
- [ ] Eine Pyramide hat immer einen Kreis als Grundfläche.
- [ ] Ein Kegel hat eine Spitze.
- [ ] Ein Zylinder hat eine quadratische Grundfläche.
- [ ] Ein Zylinder hat vier Kanten.
- [ ] Eine Kugel hat keine Kanten.
- [ ] Alle Flächen eines Dreiecksprismas sind Dreiecke.

**83** Wie viele Ecken, Kanten und Flächen hat …

a) ein Quader?

b) ein Dreiecksprisma?

**84** Welche geometrischen Körper verstecken sich in den jeweiligen Alltagsgegenständen?

A

B
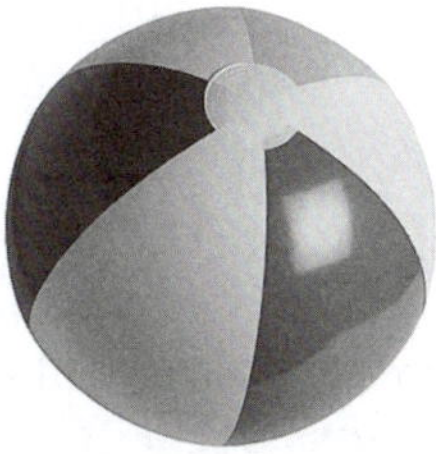

C

D

E

F

G

H

I

J

K

L

**85** Welcher Körper beschreibt sich hier jeweils selbst?

a) Ich habe keine Kanten und keine Ecken, nur eine Fläche.

b) Egal welche der sechs Flächen man betrachtet, ich sehe immer gleich aus.

c) Ich habe eine Spitze aber keine Ecken.

d) Ich kann gut rollen, obwohl ich zwei Kanten habe.

**86** Übertrage die Figuren in dein Heft und ergänze sie zu einem Quader- oder Würfelnetz.

a) 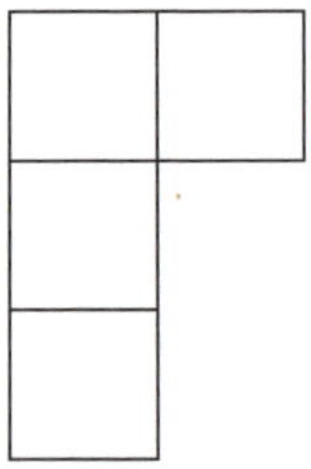

b) 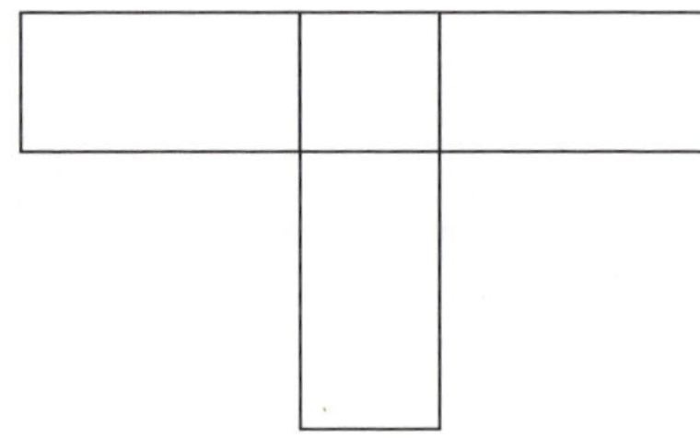

**87** Bei einem Spielwürfel ergibt die Summe der Zahlen auf gegenüberliegenden Seitenflächen immer sieben.
Ergänze bei folgenden Würfelnetzen die fehlenden Zahlen.

a) 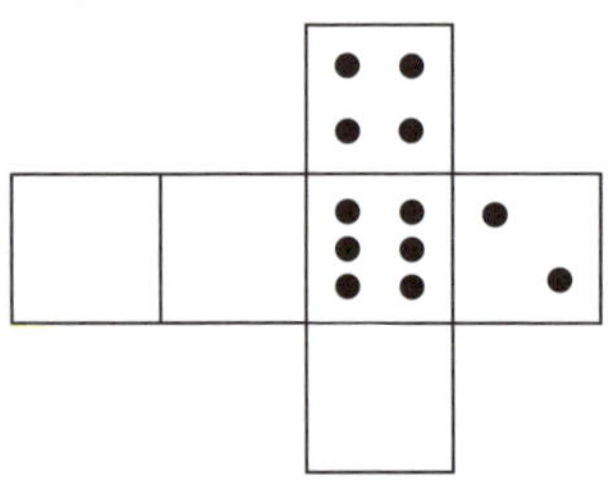

b) 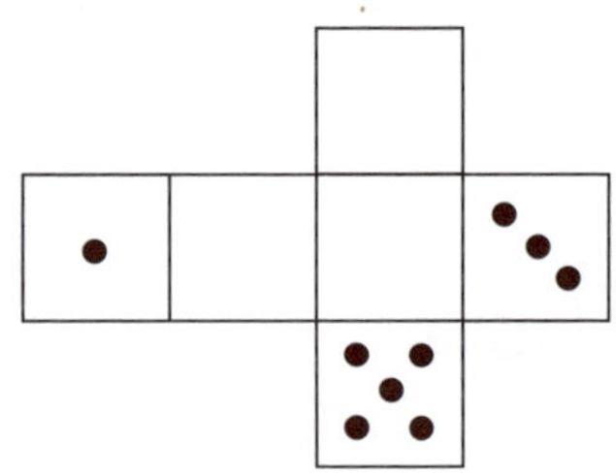

**88** Entsteht aus dem jeweiligen Netz beim Zusammenfalten ein Quader?

a) 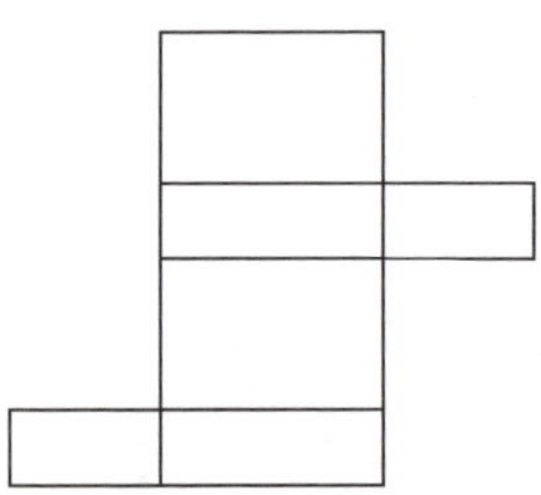

b) 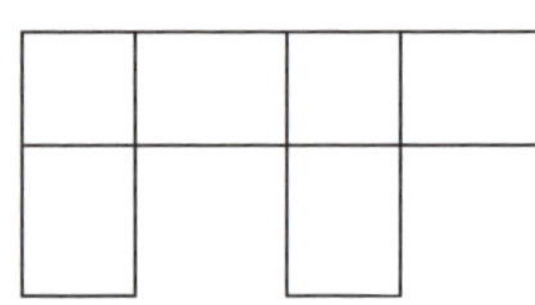

c) 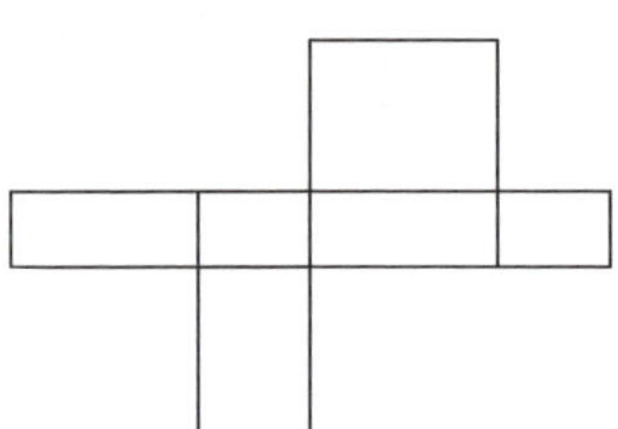

d) 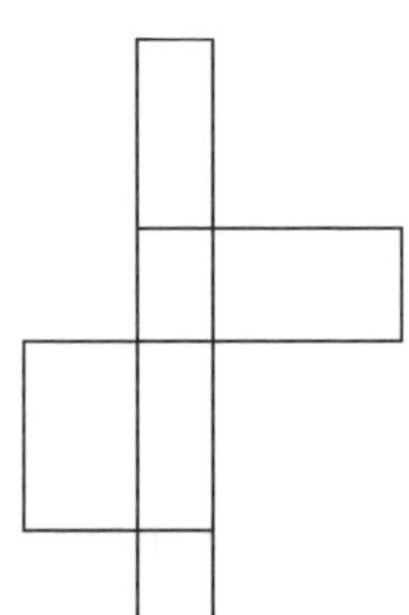

**89** Raupe Emma sitzt auf dem Kantenmodell eines Würfels an Ecke B.

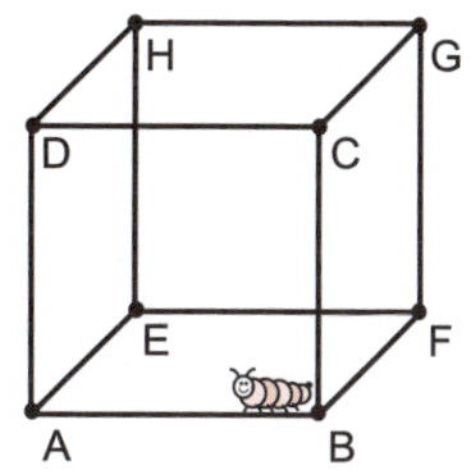


a) Die Raupe geht von Ecke B entlang der Kanten erst nach links, dann nach oben, von dort nach hinten und zum Schluss nach rechts.
An welcher Ecke ist sie jetzt?

b) Gib zwei mögliche Wege an, die Emma nehmen kann, um von der Ecke B zur Ecke H zu kommen.

**90** Vervollständige die Schrägbilder der Körper.

a)

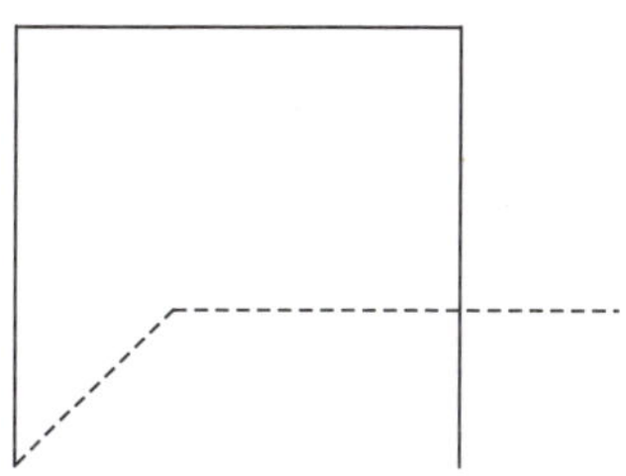

b)

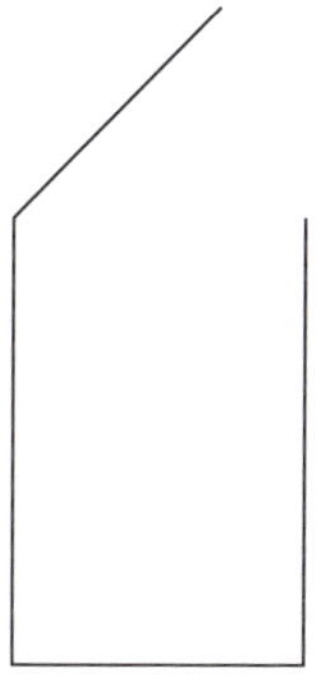

**91** Dreht man Flächen schnell um eine Achse, hat man das Gefühl, einen Körper zu sehen.
Welchen Körper sieht man bei folgenden Flächen jeweils?

a)

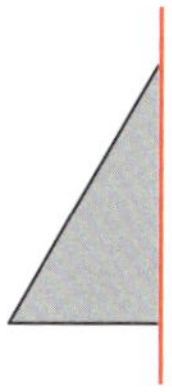

b)

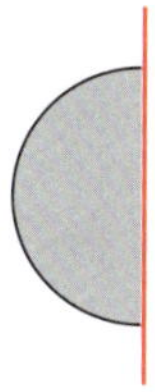

**92** Beim Spiel mit diesem Zauberwürfel müssen die kleinen Würfel solange verdreht werden, bis jede Seitenfläche des großen Würfels eine einheitliche Farbe hat.

a) Wie viele kleine Würfel müssen demnach eine weiße Fläche haben?

b) Aus wie vielen kleinen Würfeln besteht der Zauberwürfel, wenn man annimmt, dass er nicht hohl ist?

# Terme und Gleichungen

**Gleichungen** sind Aussageformen. Die Aussage ist wahr, wenn auf der linken und der rechten Seite der Gleichung gleiche Termwerte stehen. Die **zwei Terme** links und rechts des **Gleichheitszeichens** befinden sich sozusagen im Gleichgewicht.

# 1 Rechenregeln und Rechengesetze

Jede sinnvolle Zusammenstellung von Zahlen und Rechenarten bezeichnet man als **Term**. Kommen in einem Term verschiedene Rechenarten und Klammern vor, gelten die so genannten **„Vorfahrtsregeln“**. Sie bestimmen, in welcher Reihenfolge die Rechenoperationen durchgeführt werden müssen.

- Berechne **zuerst**, was in der **Klammer** steht!
- **Punkt vor Strich!** Punktrechnungen („mal“ und „geteilt“) werden vor Strichrechnungen („plus“ und „minus“) gerechnet.

Beispiele

**1.** $6 \cdot (3+7) =$
$6 \cdot 10 = 60$

Berechne zuerst die Klammer. Die „Klammerregel“ gilt stets vor der „Punkt-vor-Strich-Regel“.

**2.** $(10-4) : 2 =$
$6 : 2 = 3$

**3.** $25 - 10 \cdot 2 =$
$25 - 20 = 5$

Wenn keine Klammern vorkommen, gilt die Regel „Punkt vor Strich“.

**4.** $4 \cdot 5 + 10 : 5 =$
$20 + 2 = 22$

**93** Löse die Aufgaben schrittweise. Achte auf die Klammern.

a) $(3+4) \cdot 7$
b) $3 \cdot (4+7)$
c) $(13+7) \cdot 5$
d) $6 \cdot (19-9)$
e) $(93-63) : 3$
f) $25 : (47-42)$
g) $5 \cdot (2+6) \cdot 4$
h) $99 : (16-5) : 3$

**94** Berechne Schritt für Schritt. Achte auf die „Punkt-vor-Strich-Regel“.

a) $2+6 \cdot 7$
b) $2 \cdot 6+8$
c) $19-4 \cdot 4$
d) $4 \cdot 4-13$
e) $37+9 : 3$
f) $20 : 4-4$
g) $45 : 5+11$
h) $101-84 : 4$

**95** Stimmt das Ergebnis? Setze, wenn nötig, Klammern.

a) $18+3\cdot 6=36$
b) $6\cdot 7-3+6=30$
c) $4\cdot 7-48:3=12$
d) $10+25:5-4=3$

**96** Setze die Klammern so, dass möglichst kleine Ergebnisse entstehen.

a) $81:9+18$
b) $3\cdot 15+5$
c) $52-7\cdot 2+2$
d) $120+60:12\cdot 5$

Lange Rechnungen lassen sich oft vereinfachen, indem du mit „Köpfchen" rechnest und **Rechenvorteile** nutzt. Die **Rechengesetze** helfen dir, Rechenoperationen sinnvoll zusammenzufassen. So kannst du einfacher, sicherer und schneller rechnen.

- **Kommutativgesetz (Vertauschungsgesetz)**
  In einer Summe oder einem Produkt kannst du die einzelnen **Summanden** oder **Faktoren** beliebig **vertauschen**, ohne dass sich das Ergebnis ändert.
  $\mathbf{3}+4=4+\mathbf{3}$ $\quad$ $\mathbf{3}\cdot 4=4\cdot\mathbf{3}$
  $7=7$ $\quad$ $12=12$
- **Assoziativgesetz (Verbindungsgesetz)**
  In einer Summe oder einem Produkt kannst du die einzelnen **Summanden** oder **Faktoren** beliebig mithilfe von Klammern **zusammenfassen**. Das Ergebnis verändert sich dabei nicht.
  $(10+6)+2=10+(6+2)$ $\quad$ $(10\cdot 6)\cdot 2=10\cdot(6\cdot 2)$
  $16+2=10+8$ $\quad$ $60\cdot 2=10\cdot 12$
  $18=18$ $\quad$ $120=120$

Die beiden Gesetze gelten **nur** für die **Addition** und die **Multiplikation**. Du darfst sie **nicht** bei der **Subtraktion** und der **Division** anwenden.

eispiele

**1.** $25\cdot 35\cdot 4 =$
$25\cdot 4\cdot 35 =$
$100\cdot 35 = 3\,500$

Durch Vertauschen der Faktoren wird die Rechnung einfacher.

**2.** $(369+212)+88 =$
$369+(212+88) =$
$369+300 = 669$

Wenn du die Klammer um die Summanden verschiebst, kannst du leichter addieren.

**97** Rechne vorteilhaft. Nutze die Rechengesetze.

a) $2+3+8+7$
b) $14+11+29+36$
c) $2\cdot 12\cdot 8\cdot 5$
d) $25\cdot 11\cdot 4\cdot 8$
e) $48+29+23+52$
f) $114+85+86+115$
g) $50\cdot 5\cdot 2\cdot 4$
h) $40\cdot 6\cdot 3\cdot 5$

**98** Berechne. Setze geschickt Klammern, damit du einfacher rechnen kannst.

a) $9+7+3$
b) $14+4+16$
c) $13+38+42$
d) $8\cdot 5\cdot 4$
e) $12\cdot 5\cdot 6$
f) $26\cdot 2\cdot 50$
g) $568+233+117$
h) $213+26+114+160$

**99** Rechne möglichst geschickt. Achte auf die „Vorfahrtsregeln“.

a) $19+22\cdot 3+21$
b) $38-8:4+2\cdot 5$
c) $4\cdot(19-8)\cdot 25$
d) $104-44:4-11$
e) $99+(87-46)+7\cdot 3$
f) $26+(45-3\cdot 9)$
g) $85:(27-22)+5$
h) $43+13\cdot 2+17+12:3$

## 2 Terme aufstellen und berechnen

Ein Term kann eine **Zahl** sein oder eine sinnvolle Verbindung von Zahlen mit **Rechenzeichen**. Anstelle von Zahlen können in einem Term auch **Buchstaben** vorkommen. Dies sind dann Platzhalter für Zahlen.

Ein **Rechenausdruck**, der aus Zahlen, Platzhaltern (Variablen), Rechenzeichen, Klammern usw. gebildet wird, heißt **Term**.
Das Ergebnis der Rechnung ist der **Wert des Terms**.

Beispiele

**1.** $326$ — Eine Zahl ist ein Term.

**2.** $76+(23-5)\cdot 2$ — Eine sinnvolle Verbindung aus Zahlen, Rechenzeichen und Klammern ist ein Term.

**3.** $4\cdot 12-x$ — Ein Rechenausdruck mit einer Variablen ist ein Term.

Um Textaufgaben in die Sprache der Mathematik zu übersetzen, musst du **Terme aufstellen**. Gehe dabei folgendermaßen vor:

- **Lies** die Textaufgabe **genau** durch.
- **Zerlege** die Aufgabe in mehrere **Teilschritte**. Farbiges Markieren von Textteilen kann dir helfen.
- Beachte die **Rechenregeln**. Setze Klammern, wenn nötig.
- Setze für eine **unbekannte Zahl** eine **Variable** (Platzhalter, Buchstabe).

Beispiele

**1.** Multipliziere die Summe aus 3 und 11 mit der Zahl 4.

*Lösung:*

„Summe aus 3 und 11" → $3+11$

„Multipliziere … mit … 4" → $\cdot 4$

„Multipliziere die Summe … mit … 4" → $(3+11)\cdot 4$ Setze Klammern um die Summe.

Termwert → $(3+11)\cdot 4 = 14\cdot 4 = 56$

**2.** Vom Doppelten einer Zahl wird die Zahl 1 subtrahiert. Stelle den Term auf.

*Lösung:*

„einer Zahl" → $x$ Setze für die unbekannte Zahl die Variable x.

„Doppelten einer Zahl" → $2\cdot x$

„1 subtrahiert" → $-1$

Term → $2\cdot x-1$ Hier ist keine Klammer notwendig: „Punkt vor Strich!"

**3.** Setze für x die Zahl 5 ein und berechne den Wert des Terms.
$2\cdot x-1$

*Lösung:*

$2\cdot 5-1=10-1=9$

**100** Schreibe folgende Textaufgaben jeweils als Rechenaufgabe und löse sie. Manchmal musst du Klammern setzen.

a) Teile 36 durch 6 und addiere 12.

b) Vermehre das Produkt aus 15 und 5 um 28.

c) Subtrahiere von der Summe aus 17 und 3 die Zahl 20 und addiere 99.

d) Vervierfache die Differenz aus 47 und 35.

e) Addiere 41 zum Quotienten aus 54 und 6.

f) Multipliziere die Differenz aus 39 und 9 mit der Summe aus 17 und 13.

**101** Schreibe als Term mit der Variablen x.

a) Bilde das Produkt aus einer Zahl und 5.

b) Vermindere eine Zahl um 10.

c) Addiere 12 zum Dreifachen einer Zahl.

d) Verachtfache das Produkt aus einer Zahl und 8.

e) Subtrahiere eine Zahl vom Quotienten aus 48 und 16.

f) Halbiere die Summe aus einer Zahl und 4.

**102** Setze für x jeweils die Zahlen ein und berechne die Termwerte.
Male die zugehörigen Lösungsfelder aus.

| $x$ | 3 | 7 | 12 |
|---|---|---|---|
| $x - 3$ | | | |
| $4 \cdot x + 1$ | | | |
| $2 \cdot (x + 1)$ | | | |
| $46 - 3 \cdot x$ | | | |

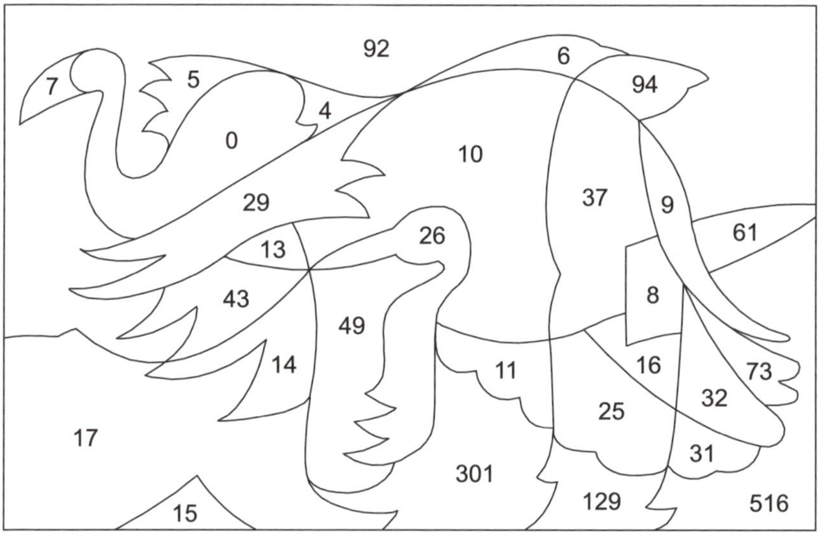

# 3 Gleichungen ansetzen und lösen

Verbindet man **zwei Terme** durch ein **Gleichheitszeichen**, so erhält man eine Gleichung. Damit die Aussage der Gleichung wahr ist, muss auf beiden Seiten des Gleichheitszeichens der gleiche Wert stehen.

- Eine Gleichung ist die Verbindung von zwei Termen durch ein Gleichheitszeichen (=).
- Gleichungen sind **wahre Aussagen**, wenn **beide Terme** den **gleichen Wert** ergeben.
- Beim **Lösen einer Gleichung** sucht man für die Variable eine Zahl, sodass die Aussage wahr ist.
- Die Lösung einer Gleichung kannst du durch **Probieren** oder schrittweise durch **Umkehraufgaben** finden.

eispiele

Löse die Gleichungen schrittweise durch Umkehraufgaben.
Mache jeweils die Probe.

**1.** $18 \cdot x = 108$ — Multiplikation → Division

$x = 108 : 18$

$x = 6$

*Probe:*

$18 \cdot 6 = 108$

$108 = 108$ (wahr)

Setze in die Gleichung für x die Zahl 6 ein. Prüfe, ob beide Seiten der Gleichung den gleichen Wert haben.

**2.** $y - 115 = 243$ — Subtraktion → Addition

$y = 243 + 115$

$y = 358$

*Probe:*

$358 - 115 = 243$

$243 = 243$ (wahr)

Setze $y = 358$ in die Gleichung ein und prüfe, ob beide Terme den gleichen Wert haben.

**3.** $2 \cdot z + 9 = 31$

$2 \cdot z = 31 - 9$

$2 \cdot z = 22$

$z = 22 : 2$

$z = 11$

Löse schrittweise. Kehre zuerst die Strichrechnung und dann die Punktrechnung um (Umkehrung der Punkt-vor-Strich-Regel).
Addition → Subtraktion
Multiplikation → Division

*Probe:*

$2 \cdot 11 + 9 = 31$

$22 + 9 = 31$

$31 = 31$ (wahr)

Setze $z = 11$ in die Gleichung ein.
Berechne schrittweise die linke Seite („Punkt vor Strich!“) und vergleiche das Ergebnis mit der rechten Seite der Gleichung.

**103** Murat hat im Pausenhof mehrere Schlüssel gefunden. Ordne den Schlüsseln die Schlüsselanhänger mit dem gleichen Termwert zu.
Welcher Lehrer hat die Schlüssel verloren?

Lösungswort:

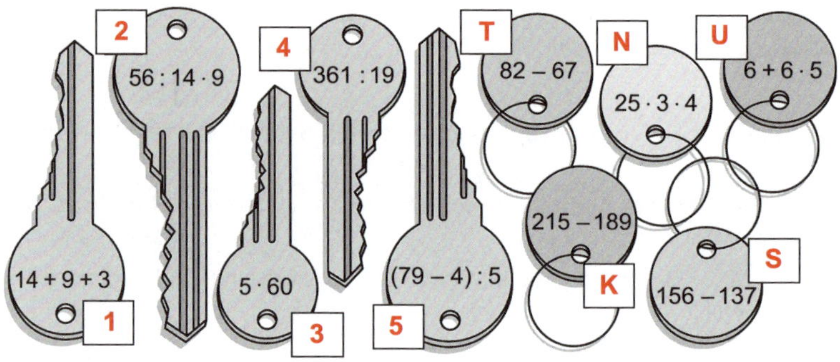


**104** Darfst du hier das Gleichheitszeichen (=) setzen?
Wenn nicht, ergänze das Ungleichheitszeichen (≠).

a) $46+23 \;\square\; 98-29$
b) $4\cdot 18 \;\square\; 82-20$
c) $3\cdot(19-16) \;\square\; 27:3$
d) $9+4\cdot 6 \;\square\; 3\cdot 11$
e) $12\cdot 8-54:3 \;\square\; 780:10$
f) $64:8\cdot 4 \;\square\; 74:(24+13)$

**105** Die Waagen befinden sich im Gleichgewicht. Notiere die Gleichungen und löse sie durch Probieren.

a)

b)

c)

d)

**106** Löse die Aufgaben durch Probieren. Finde das Lösungswort.

a) $4 \cdot x = 36$ b) $x + 26 = 34$

c) $42 - x = 39$ d) $(x - 5) \cdot 15 = 30$

e) $7 \cdot x - 10 = 32$ f) $5 \cdot x + 6 = 31$

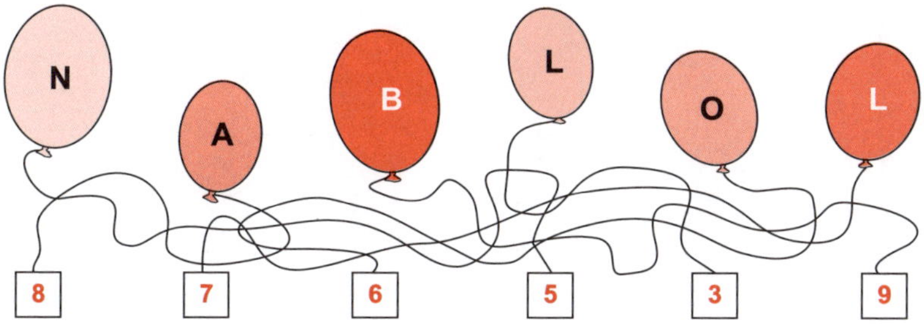


Lösungswort:

☐ ☐ ☐ ☐ ☐ ☐

**107** Löse die Gleichungen schrittweise durch Umkehraufgaben.
Mache anschließend die Probe.

a) $x + 18 = 42$ b) $9 \cdot y = 81$

c) $144 + z = 411$ d) $a \cdot 13 = 143$

e) $2 \cdot b + 6 = 14$ f) $5 \cdot c - 4 = 21$

g) $3 \cdot x + 5 = 32$ h) $4 \cdot y - 9 = 43$

**108** Löse die Gleichungen Schritt für Schritt. Achte auf die Rechenregeln.

a) $2 \cdot x + 5 = 50 - 21$ b) $4 \cdot x - 15 = 81 : 9$

c) $7 + 5 \cdot x = 8 + 10 \cdot 5 - 6$ d) $x - 175 : 5 + 3 = 122$

**109** Setze die Gleichungen an und löse sie.

a) Denk dir eine Zahl, multipliziere sie mit 9 und addiere dann 14.
Als Ergebnis erhältst du die Zahl 68.

b) Bilde die Summe aus 3 und 9 und addiere dazu die Zahl 17.
Das Ergebnis entspricht der Differenz aus einer gedachten Zahl und 11.

c) Wenn du eine Zahl mit dem Quotienten aus 42 und 7 multiplizierst, erhältst du das Produkt aus 9 und 4.

d) Wenn du von einer Zahl die Summe aus 111 und 119 subtrahierst, erhältst du ebenso viel, wie wenn du die Differenz aus 88 und 78 mit 21 multiplizierst.

# Brüche und Dezimalbrüche

Aus dem Musikunterricht kennst du bestimmt schon ganze Noten, halbe Noten, Viertel- und Achtelnoten. Der Ton einer halben Note ist z. B. halb so lang wie der einer ganzen Note.
In der Mathematik gibt es ebenfalls **Halbe, Viertel, Achtel** usw. Solche Zahlen nennt man **Brüche**.

# 1 Bruchbegriff

In einer halben Stunde beginnt das Training, die Schulpause dauert eine Viertelstunde – **Brüche** sind dir in deinem Alltag sicher nicht nur im Zusammenhang mit der Uhrzeit begegnet.

Brüche bezeichnen Teile eines Ganzen und sind folgendermaßen aufgebaut:

$\frac{2}{3}$ ← Zähler, ← Bruchstrich, ← Nenner

- Der **Nenner** eines Bruches gibt an, in wie viele gleich große Teile das Ganze zerlegt ist.
- Der **Zähler** des Bruches gibt an, wie viele Teile von diesem Ganzen genommen werden.

Beispiele

**1.** Welcher Bruchteil ist markiert?

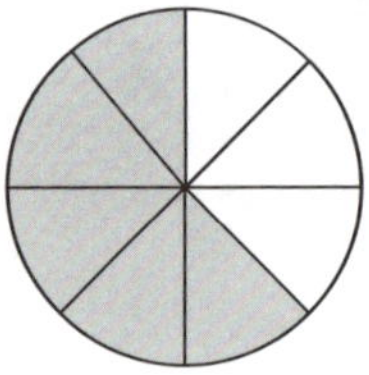

*Lösung:*

$\frac{5}{8}$

Es sind 5 Teile von insgesamt 8 gleichen Teilen markiert.

**2.** Ein „Ganzes" kann man auch als Bruch schreiben:

$1 = \frac{1}{1} = \frac{2}{2} = \frac{3}{3} = \frac{4}{4} = \ldots$

Um **Bruchteile** einer Größe zu berechnen gehe wie folgt vor:

**Dividiere** die Zahl, von der du den Bruchteil berechnen willst, durch den **Nenner**. **Multipliziere** das Ergebnis anschließend mit dem **Zähler**.

Beispiel

Berechne den Bruchteil:

$\frac{5}{8}$ von 40 kg

*Lösung:*

$40\ \text{kg} : 8 = 5\ \text{kg}$

$5\ \text{kg} \cdot 5 = 25\ \text{kg}$

Im Nenner steht eine 8. Also wird das Ganze (40 kg) in 8 gleiche Teile geteilt (: 8). Davon nimmst du 5 Teile (· 5).

**110** Welcher Bruchteil ist jeweils markiert?

a) 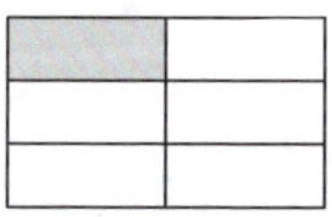

b) 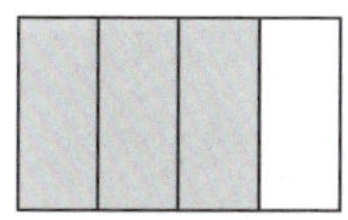

c) 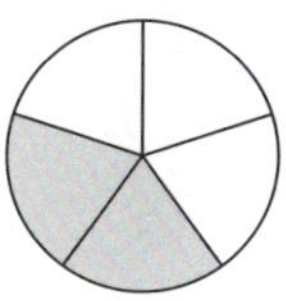

d) 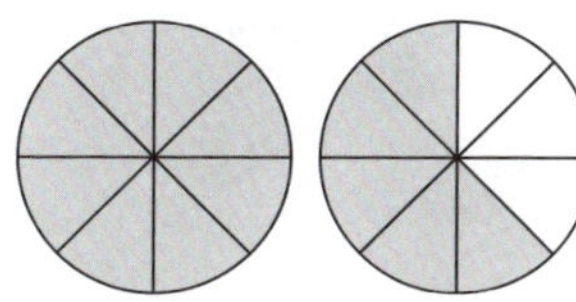

e) 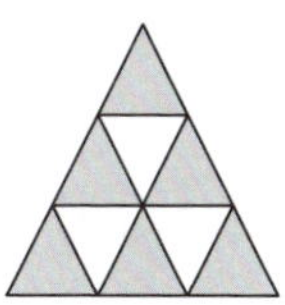

f) 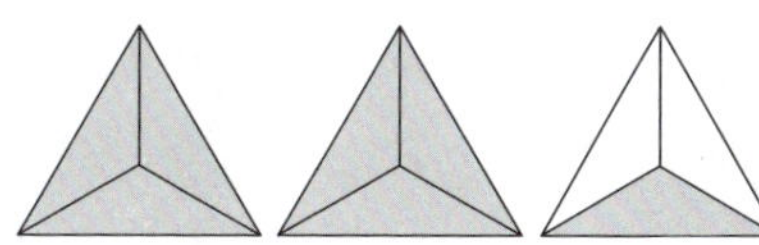

**111** Färbe die gesuchten Bruchteile.

a) 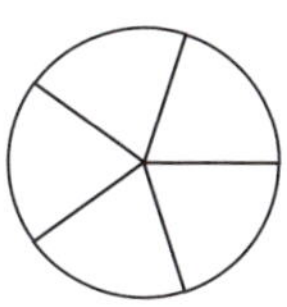 $\frac{2}{5}$

b) 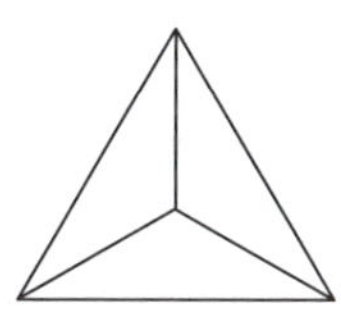 $\frac{1}{3}$

c) 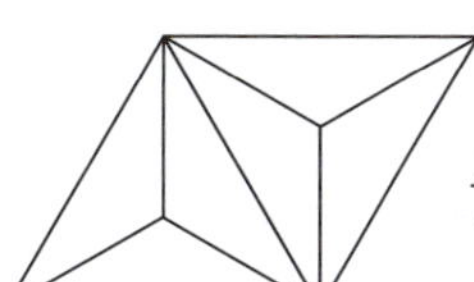 $\frac{5}{6}$

d) 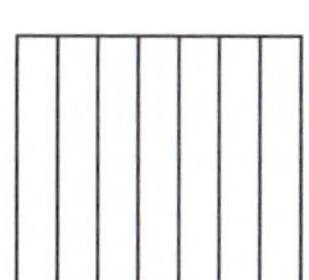 $\frac{4}{7}$

e) 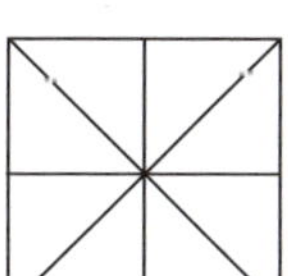 $\frac{7}{8}$

f) 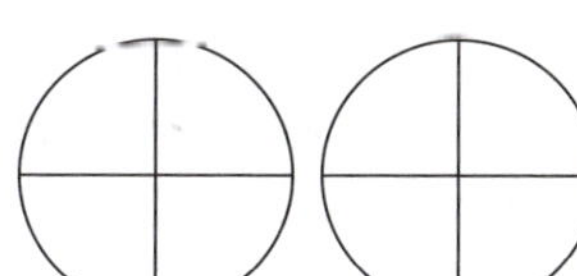 $1\frac{3}{4}$

**112** Ordne die Bilder den richtigen Bruchzahlen zu und finde das Lösungswort.

H

R

B

U

C

Lösungswort:

| | | | | |
|---|---|---|---|---|
| | | | | |
| $\frac{1}{6}$ | $2\frac{1}{2}$ | $\frac{1}{3}$ | $\frac{3}{7}$ | $\frac{6}{10}$ |

**113** Berechne die Bruchteile.

a) $\frac{1}{2}$ von 20 kg

b) $\frac{2}{3}$ von 18 m

c) $\frac{5}{7}$ von 210 ℓ

d) $\frac{4}{6}$ von 72 g

e) Drei Viertel von 120 €

f) Zwei Fünftel von 5 Stunden

**114** In $\frac{1}{7}$ der Überraschungseier sind Sammelfiguren.
Wie viele Sammelfiguren sollten in 28 Eiern sein?

**115** Von dem abgebildeten Puzzle hast du bereits $\frac{5}{6}$ aller Teile verbaut.

a) Welcher Anteil fehlt dir noch?

b) Wie viele Teile hat das fertige Puzzle insgesamt?

**116** Lars packt ein Geburtstagsgeschenk für seine Mutter ein.
Er benötigt dafür $\frac{2}{3}$ von dem 9 m langen Geschenkband.

a) Wie viel m benötigt Lars?

b) Welcher Anteil ist noch übrig?

## 2 Brüche vergleichen

Paul und Amelie teilen den Inhalt einer Tüte Gummibärchen unter sich auf:
Paul bekommt $\frac{2}{3}$ der Gummibärchen,
Amelie $\frac{1}{3}$. Wer bekommt mehr?

Um zu entscheiden, welcher von zwei Brüchen größer ist, müssen sie entweder den gleichen Zähler oder den gleichen Nenner haben:

- Bei **gleichem Nenner** ist der Bruch größer, der den **größeren Zähler** hat.
- Bei **gleichem Zähler** ist der Bruch größer, der den **kleineren Nenner** hat.

Beispiele

**1.** Wer bekommt mehr Gummibärchen: Paul oder Amelie?

*Lösung:*

$\frac{2}{3} > \frac{1}{3}$

Der Nenner der beiden Brüche ist gleich. Also musst du die Zähler vergleichen: $2 > 1$

Paul bekommt mehr Gummibärchen.

**2.** Welcher Bruchteil ist größer: $\frac{5}{8}$ oder $\frac{5}{6}$?

*Lösung:*

$\frac{5}{8} < \frac{5}{6}$

Der Zähler der beiden Brüche ist gleich. Also musst du die Nenner vergleichen: $8 > 6$

**117** Setze das richtige Zeichen: $<$ oder $>$?

a) $\frac{4}{5} \square \frac{7}{5}$

b) $\frac{7}{9} \square \frac{7}{10}$

c) $\frac{6}{9} \square \frac{6}{7}$

d) $\frac{5}{8} \square \frac{9}{8}$

**118** Ordne der Größe nach. Beginne dazu mit dem kleinsten Bruch.

a) $\frac{5}{6}; \frac{3}{6}; \frac{1}{6}$

b) $\frac{1}{5}; \frac{1}{2}; \frac{1}{7}; \frac{1}{4}$

c) $\frac{4}{7}; \frac{2}{7}; \frac{6}{7}; \frac{3}{7}$

d) $\frac{8}{10}; \frac{8}{1}; \frac{8}{1000}; \frac{8}{100}$

## 3 Rechnen mit Brüchen

Brüche kannst du nur addieren oder subtrahieren, wenn sie den **gleichen Nenner** haben. Dabei musst du folgendermaßen vorgehen:

- Brüche mit gleichem Nenner kannst du **addieren**, indem du die **Zähler zusammenzählst** und den **Nenner beibehältst**.
- Brüche mit gleichem Nenner kannst du **subtrahieren**, indem du die **Zähler voneinander abziehst** und den **Nenner beibehältst**.

Beispiele

**1.** Addiere:

*Lösung:*

$\frac{5}{8} + \frac{2}{8} = \frac{5+2}{8} = \frac{7}{8}$

Die beiden Brüche haben den gleichen Nenner. Addiere die Zähler und behalte den Nenner bei.

2. Subtrahiere:

$\frac{9}{10} - \frac{5}{10} = \frac{9-5}{10} = \frac{4}{10}$

Die beiden Brüche haben den gleichen Nenner. Subtrahiere die Zähler und behalte den Nenner bei.

**119** Ergänze zu jeder Bruchdarstellung die Aufgabe und färbe das Ergebnis.

a)

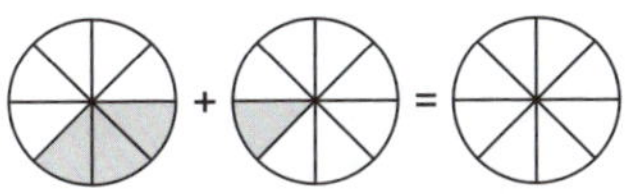

$\frac{3}{8}$ + ___ = ___

b)

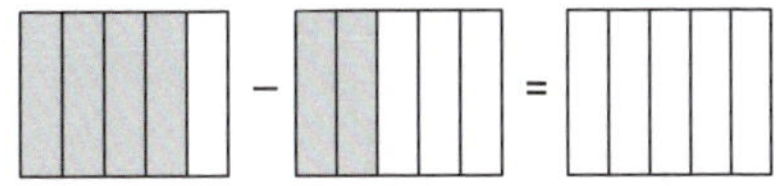

___ − ___ = ___

c)

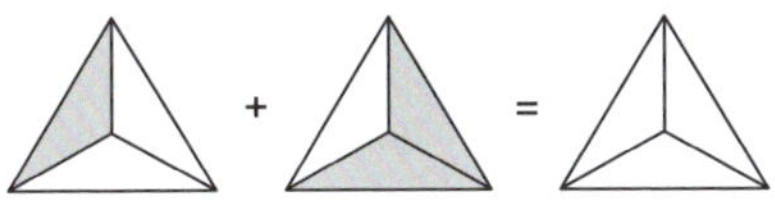

___ + ___ = ___

d)

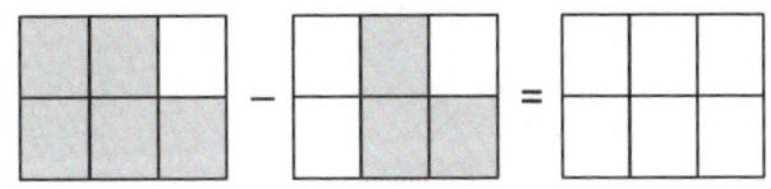

___ − ___ = ___

**120** Berechne.

a) $\frac{3}{8}+\frac{2}{8}$

b) $\frac{7}{10}-\frac{3}{10}$

c) $\frac{5}{12}+\frac{6}{12}$

d) $\frac{8}{9}-\frac{1}{9}$

e) $\frac{4}{10}+\frac{1}{10}+\frac{3}{10}$

f) $\frac{94}{100}-\frac{65}{100}$

**121** Folge den richtigen Lösungen durchs Labyrinth.
Bei welcher Frucht kannst du das Labyrinth verlassen?

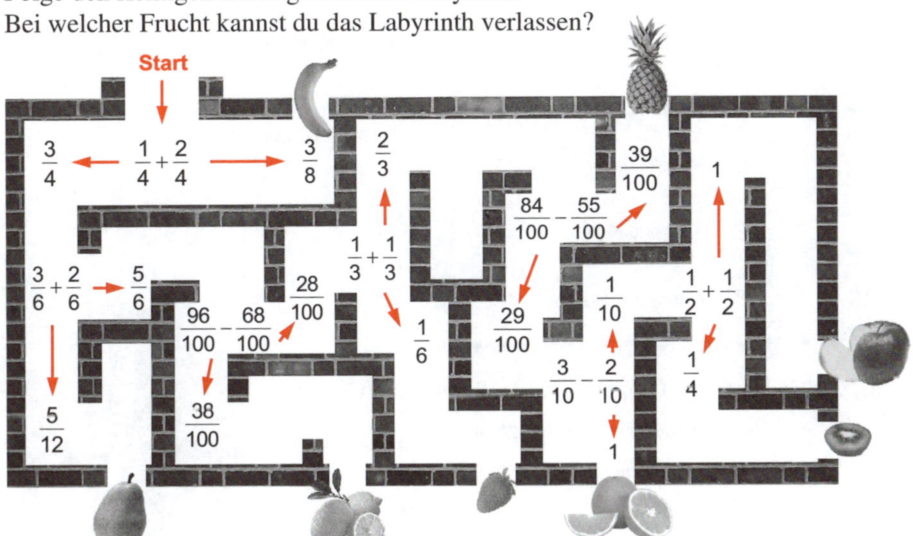

**122** Hier hat sich jeweils ein Fehler eingeschlichen.
Finde und verbessere ihn.

a) $\frac{1}{4} + \frac{2}{4} = \frac{3}{8}$

b) $\frac{3}{10} + \frac{3}{10} = \frac{3}{20}$

c) $\frac{6}{12} - \frac{3}{12} = \frac{4}{12}$

d) $\frac{8}{6} - \frac{2}{6} = \frac{6}{6} = 6$

**123** Fülle die Lücken.

a) $\frac{3}{10} + \frac{4}{10} = \frac{\square}{\square}$

b) $\frac{5}{8} - \frac{3}{\square} = \frac{\square}{8}$

c) $\frac{\square}{12} + \frac{4}{12} = \frac{9}{\square}$

d) $\frac{\square}{\square} - \frac{2}{6} = \frac{3}{6}$

e) $\frac{5}{100} + \frac{24}{100} + \frac{56}{100} = \frac{\square}{\square}$

f) $\frac{\square}{\square} - \frac{23}{100} - \frac{6}{100} = \frac{38}{100}$

**124** Berechne.

a) $\frac{568}{1\,000} + \frac{224}{1\,000}$

b) $\frac{897}{1\,000} - \frac{349}{1\,000}$

c) $\frac{1}{10} + \frac{6}{10} - \frac{5}{10}$

d) $\frac{56}{100} + \frac{5}{100} - \frac{37}{100}$

**125** Chiara möchte auf ihrer Geburtstagsfeier folgende Kinderbowle anbieten:

a) Zu Hause findet Chiara noch $\frac{3}{8}$ ℓ Traubensaft.
Wie viele Liter benötigt sie jetzt noch?

b) Wie viel Sirup ist insgesamt in der Bowle?

c) In einer Wasserflasche ist 1 ℓ Mineralwasser.
Wie viel Wasser bleibt übrig?

## 4 Dezimalbrüche

Dezimalbrüche oder Dezimalzahlen sind Zahlen, die ein **Komma** enthalten. Diese Zahlen sind auch Brüche, nur in einer anderen Schreibweise.

- Die **Dezimal-** oder **Kommaschreibweise** ist eine einfache Schreibweise für **Brüche** mit den **Nennern 10, 100, 1000** usw.
- Die Stellen rechts vom Komma heißen Dezimalstellen. Man bezeichnet sie als Zehntel, Hundertstel, Tausendstel usw.
- Der Dezimalbruch hat so viele **Stellen nach dem Komma**, wie der dazugehörige Bruch **Nullen im Nenner** hat.

Beispiele

**1.** $\frac{5}{10} = 0,5$

Der Nenner (10) hat eine Null. Deshalb hat der Dezimalbruch eine Stelle nach dem Komma.

**2.** $\frac{36}{1\,000} = 0,036$

Der Nenner (1 000) hat drei Nullen.
⇒ 3 Dezimalstellen

**3.** $2,15 = \frac{215}{100}$

Der Dezimalbruch hat zwei Stellen nach dem Komma.
⇒ Im Nenner steht 100.

**4.** $0,007 = \frac{7}{1\,000}$

Der Dezimalbruch hat drei Stellen nach dem Komma.
⇒ Im Nenner steht 1 000.

Du kannst Dezimalbrüche auch in eine **Stellenwerttafel** schreiben. Dazu wird die bekannte Stellenwerttafel nach rechts erweitert.

Beispiel

Wie heißen die Zahlen aus der Stellenwerttafel?

| | Hunderter H | Zehner Z | Einer E | Zehntel z | Hundertstel h | Tausendstel t |
|---|---|---|---|---|---|---|
| a) | 2 | 4 | 3 | 4 | 1 | 8 |
| b) | | | 1 | 9 | 0 | 6 |

*Lösung:*

a) 243,418
zweihundertdreiundvierzig Komma vier eins acht

b) 1,906
eins Komma neun null sechs

Die Dezimalstellen werden im Gegensatz zu den Zahlen vor dem Komma einzeln gesprochen.

**126** Trage die Dezimalbrüche in die Stellewerttafel ein.

a) 7,50 b) 30,66

c) 0,725 d) 184,395

| | H | Z | E | z | h | t |
|---|---|---|---|---|---|---|
| a) | | | | | | |
| b) | | | | | | |
| c) | | | | | | |
| d) | | | | | | |

**127** Ordne die Dezimalbrüche der Größe nach. Beginne dazu mit der kleinsten Zahl. Wie lautet das Lösungswort?

E 51,2

K 51,02

W 49,874

N 52,06

L 50,418

O 50,148

Lösungswort: ☐ ☐ ☐ ☐ ☐ ☐

**128** Stelle die Zahlen jeweils als Bruch dar.

**129** Schreibe als Dezimalzahl.

a) $\frac{7}{10}$ b) $\frac{65}{100}$

c) $\frac{14}{1\,000}$ d) $\frac{254}{100}$

e) $\frac{546}{10}$ f) $\frac{2058}{1\,000}$

## 5 Rechnen mit Dezimalbrüchen

Patrick lädt Jonathan in die Eisdiele ein. Patrick isst ein Eis für 4,10 €, Jonathan bestellt eine Eisschokolade für 3,50 €. Wie viel muss Patrick bezahlen?

- Bei der **Addition** oder **Subtraktion** müssen die Dezimalbrüche **stellengerecht untereinander** stehen (Komma unter Komma).
- Fehlende Dezimalstellen musst du mit **Nullen auffüllen**.
- Addiere bzw. subtrahiere dann wie gewohnt von rechts nach links.
- Trage das **Komma** im Ergebnis stellengerecht ein.

Beispiele

**1.** Wie viel muss Patrick bezahlen?

$$\begin{array}{r} 4{,}10 \\ +3{,}50 \\ \hline 7{,}60 \end{array}$$

Schreibe zuerst die Zahlen stellengerecht untereinander (Komma unter Komma). Addiere dann von rechts nach links.

Patrick muss 7,60 € bezahlen.

**2.** Berechne: 9,49 – 9,1

$$\begin{array}{r} 9{,}49 \\ -9{,}10 \\ \hline 0{,}39 \end{array}$$

Fülle fehlende Dezimalstellen mit Nullen auf.

**130** Berechne.

a) 4,2 + 5,9 b) 19,6 – 4,7

c) 0,98 + 11,23 d) 56,3 – 23,58

e) 24,587 + 89,622 + 0,4 f) 5,26 – 0,365

**131** Addiere die km-Angaben zwischen den einzelnen Streckenabschnitten.
Wie lange ist die Formel 1 Strecke?
Um welche Strecke handelt es sich?

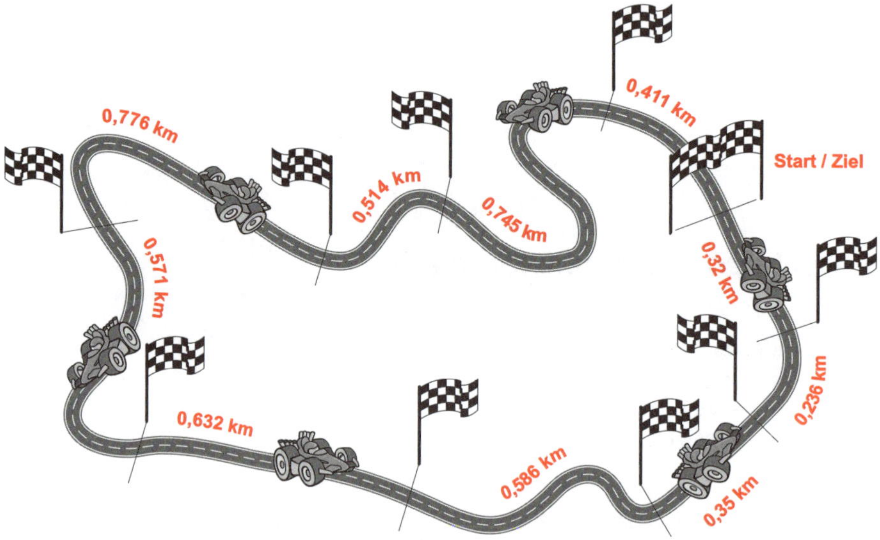


- 4,381 km: Hungaroring, Ungarn
- 4,574 km: Hockenheimring, Deutschland
- 5,141 km: Silverstone Circuit, Großbritannien

**132** Hanna und Tom kaufen für Ihre Mutter ein: Im Obstladen bezahlen sie 4,75 €, beim Bäcker 3,81 €, beim Metzger 8,03 € und im Supermarkt 11,68 €.

a) Wie viel Geld haben die Beiden insgesamt ausgegeben?

b) Ihre Mutter hat ihnen 30 € mitgegeben.
Wie viel Geld bleibt übrig?

**133** Paolo erzählt: „Wenn sich alle Mitglieder meiner Familie übereinander stellen würden, dann wären wir zusammen genauso hoch wie der 7-m-Sprungturm im Schwimmbad.
Mein Vater ist 1,73 m, meine Mutter 1,61 m, meine große Schwester 1,52 m und mein kleiner Bruder ist erst 0,79 m groß.“
Wie groß ist Paolo?

# Größen und Sachaufgaben

Unsere täglichen Lebensbereiche werden durch eine Vielzahl unterschiedlicher **Größen** geordnet. **Maßeinheiten** wie Meter und Kilometer, Minuten und Stunden oder Gramm und Kilogramm sorgen für Struktur innerhalb einer Größenart.

# 1 Maßeinheit, Maßzahl und Größe

Im Alltag begegnen dir viele verschiedene **Größenarten:**
Dein Schulweg ist 2 km lang (Länge). Dein Schulranzen wiegt heute 6 kg (Masse). Eine Unterrichtsstunde dauert 45 Minuten (Zeit). Das Klassenzimmer ist 56 Quadratmeter (Fläche) groß. In der Pause kaufst du dir 1 Liter (Volumen) Apfelsaft für 1,50 Euro (Geld).

> Jede **Größe** besteht aus einer **Maßzahl** und einer **Maßeinheit.**
> Für die Maßeinheiten werden meist Abkürzungen verwendet.

Beispiel

**Maßzahl** (→ 250, 250)

250 Meter = 250 m

**Maßeinheit** (→ Meter, m)

Bei der Größe handelt es sich um ein Längenmaß (Art der Größe).

Die Größe ist in Meter (Abkürzung m) angegeben (Maßeinheit).

Die Zahl 250 (Maßzahl) gibt an, wie oft die Maßeinheit in der Größe enthalten ist.

Eine Größe kannst du in verschiedenen Maßeinheiten derselben Größenart angeben. Für das **Umrechnen** einer Größe in eine andere Maßeinheit gilt folgender Zusammenhang:

> - Wird die **Maßeinheit kleiner**, so **vergrößert** sich die **Maßzahl.**
> - Wird die **Maßeinheit größer**, so **verkleinert** sich die **Maßzahl.**

Beispiele

**1.** **2** m = **200** cm

Die Größe wird in eine kleinere Maßeinheit umgerechnet (m → cm). Die Maßzahl vergrößert sich.

**2.** **4 000** g = **4** kg

Die Größe wird in eine größere Maßeinheit umgerechnet (g → kg). Die Maßzahl verkleinert sich.

**3.** **6** € = **600** ct

Die Größe wird in eine kleinere Maßeinheit umgerechnet (€ → ct). Die Maßzahl vergrößert sich.

**4.** **300** s = **5** min

Die Größe wird in eine größere Maßeinheit umgerechnet (s → min). Die Maßzahl verkleinert sich.

## 2 Geldwerte

Seit dem Jahr 2002 bezahlt man in Deutschland und in vielen anderen europäischen Ländern mit dem **Euro (€)**. Ein Euro ist in 100 **Cent (ct)** unterteilt.

Beim Euro ist die **Umrechnungszahl 100**.

- Willst du von **Euro in Cent** umrechnen, musst du die Maßzahl mit 100 **multiplizieren**.
- Willst du von **Cent in Euro** umrechnen, musst du die Maßzahl durch 100 **dividieren**.

$$1\,€ \xrightarrow{\cdot 100} 100\,\text{ct} \qquad 100\,\text{ct} \xrightarrow{:100} 1\,€$$

Beispiele

**1.** 6 € = (6 · **100**) ct = 600 ct — Die Maßeinheit wird kleiner (€ → ct). Multipliziere die Maßzahl mit der Umrechnungszahl 100.

**2.** 3 500 ct = (3 500 **: 100**) € = 35 € — Die Maßeinheit wird größer (ct → €). Teile die Maßzahl durch Umrechnungszahl 100.

Beim **Rechnen mit Größen** musst du Folgendes beachten:

- Wandle die Größen vor dem **Addieren oder Subtrahieren** in die **gleiche Maßeinheit** um.
- Addiere oder subtrahiere **nur die Maßzahlen.** Die Maßeinheit wird beibehalten.

Beispiel

Berechne 3,50 € + 120 ct.
Gib das Ergebnis in Euro an.

*Lösung:*

120 ct = (120 **: 100**) € = 1,20 € — Wandle die Cent zuerst in Euro um. Verschiebe dazu das Komm um 2 Stellen nach links.

$$\begin{array}{r} 3,50 \\ +1,20 \\ \hline 4,70 \end{array}$$

Addiere die Maßzahlen.

3,50 **€** + 1,20 **€** = 4,70 **€** — Die gemeinsame Maßeinheit € wird beibehalten.

**134** Rechne in Cent um.

a) 3 € b) 10 €
c) 8,20 € d) 25 € 36 ct

**135** Gib in Euro an.

a) 250 ct b) 1 700 ct
c) 3 € 84 ct d) 8 295 ct

**136** Berechne die Geldwerte. Gib das Ergebnis in Euro an.

a) 9 € + 17 € b) 82 € − 2 400 ct
c) 360 ct + 5 € d) 15,10 € − 90 ct
e) 23 € 50 ct − 150 ct − 200 ct f) 24 € 20 ct + 18,14 € + 566 ct

## 3 Masse (Gewichtsmaße)

Mit einer Waage lässt sich die Masse eines Körpers bestimmen. In der Umgangssprache wird die Masse häufig auch als Gewicht bezeichnet. Als **Maßeinheiten bei Massen** verwendet man Gramm (g), Kilogramm (kg) und Tonnen (t).

Bei den Maßeinheiten der **Masse** ist die **Umrechnungszahl 1 000**.

**· 1 000** (von t nach kg), **: 1 000** (von kg nach t): 1 t = 1 000 kg

**· 1 000** (von kg nach g), **: 1 000** (von g nach kg): 1 kg = 1 000 g

Beispiel

Berechne 2,5 t + 192 000 g.
Gib das Ergebnis in Kilogramm an.

*Lösung:*

2,5 t = (2,5 · **1 000**) kg = 2 500 kg
192 000 g = (192 000 **: 1 000**) kg
= 192 kg

Um die Größen zu addieren, musst du sie vorher in die gleiche Maßeinheit umwandeln. Verschiebe dazu das Komma um 3 Stellen nach links bzw. rechts.

2 500 + 192 = 2 692

Addiere die Maßzahlen.

2 500 **kg** + 192 **kg** = 2 692 **kg**

Die gemeinsame Maßeinheit kg wird beibehalten.

**137** Rechne jeweils in die angegebene Maßeinheit um.

a) 8 kg (g) b) 14 t (kg)
c) 13 000 g (kg) d) 500 kg (t)
e) 23 040 kg (t) f) 0,725 kg (g)

**138** Gib jeweils in der Maßeinheit an, die in Klammern steht.

a) 37 kg 500 g (kg) b) 8 000 000 g (t)
c) 6 kg 19 g (g) d) 2,5 t (kg)

**139** Ordne den Größen die richtigen Bilder zu. Stimmt dein Lösungswort?

433 g ☐
3 812 g ☐
160 kg ☐
2 g ☐
17 500 g ☐
1 215 kg ☐
0,6 t ☐

**140** Fülle die Tabelle aus.

| | t | kg | g |
|---|---|---|---|
| a) | | | 750 000 g |
| b) | | 8 250 kg | |
| c) | 72 t | | |

**141** Berechne. Gib das Ergebnis jeweils in Kilogramm an.

a) 2,2 t + 315 kg b) 56 300 g − 32,1 kg
c) 0,5 t − 84 kg d) 14,1 kg + 66 kg 15 g
e) 4 400 g + 25 kg + 0,12 t f) 3 t 210 kg − 3,1 t

## 4 Zeitmaße

Einfache Zeitmesser, wie sie schon vor Tausenden von Jahren benutzt wurden, sind beispielsweise Sonnen-, Wasser- oder Sanduhren. Die derzeit genauesten Uhren sind Atomuhren.

Gebräuchliche **Zeiteinheiten** sind Sekunde (s), Minute (min), Stunde (h), Tag, Woche, Monat und Jahr.

Bei der Umrechnung von **Stunden, Minuten** und **Sekunden** ist die **Umrechnungszahl 60**.

$1\ h \xrightarrow{\cdot 60} 60\ min$, $60\ min \xrightarrow{:60} 1\ h$ (1 h = 60 min)

$1\ min \xrightarrow{\cdot 60} 60\ s$, $60\ s \xrightarrow{:60} 1\ min$ (1 min = 60 s)

Für die **weiteren Zeiteinheiten** gelten folgende Umrechnungszahlen:

- 1 Tag = **24** Stunden
- 1 Woche = **7** Tage
- 1 Jahr = **12** Monate = **365** Tage

Beispiel

Wie viele Sekunden hat eine Stunde?

*Lösung:*

1 h = (1 · **60**) min = 60 min

60 min = (60 · **60**) s = 3 600 s

Eine Stunde hat 3 600 Sekunden.

Rechne schrittweise in die nächstkleinere Maßeinheit um.

**142** Rechne jeweils in die angegebene Zeiteinheit um.

a) 7 h (min)
b) 10 h 23 min (min)
c) 3 h (s)
d) 780 s (min)
e) 14 400 s (h)
f) 5 h (s)
g) 2 Tage 19 h (h)
h) 1 Tag (min)

**143** Fülle die Lücken aus.

a) 90 s = ___ min ___ s

b) 200 min = ___ h ___ min

c) 50 h = ___ Tage ___ h

d) 4 243 s = ___ h ___ min ___ s

**144** Das DFB-Pokalspiel „Bayern München – 1. FC Nürnberg“ beginnt um 20.30 Uhr. Die reguläre Spielzeit einer Halbzeit beträgt 45 Minuten. Die Halbzeitpause dauert eine Viertelstunde.
Um wie viel Uhr ist der Schlusspfiff, wenn in der ersten Halbzeit 2 Minuten und in der zweiten Halbzeit 3 Minuten nachgespielt werden?

**145** Wie viel Zeit ist vergangen? Gib in Stunden und Minuten an.

a)

b)

c)

# 5 Längenmaße

Die festgelegte Grundeinheit der Länge ist Meter (m). Davon sind weitere **Längeneinheiten** abgeleitet, z. B. Millimeter (mm), Zentimeter (cm), Dezimeter (dm), Kilometer (km).

Die Umrechnungszahl zwischen Meter, Dezimeter, Zentimeter und Millimeter ist jeweils 10.

- 1 m = 10 dm
- 1 dm = 10 cm
- 1 cm = 10 mm

1 m $\xrightarrow{\cdot 10}$ 10 dm $\xrightarrow{\cdot 10}$ 100 cm $\xrightarrow{\cdot 10}$ 1 000 mm

1 m $\xleftarrow{:10}$ 10 dm $\xleftarrow{:10}$ 100 cm $\xleftarrow{:10}$ 1 000 mm

Die Umrechnungszahl zwischen Kilometer und Meter ist 1 000.

1 km $\xrightarrow{\cdot 1\,000}$ 1 000 m

1 km $\xleftarrow{:1\,000}$ 1 000 m

Beispiel

Rechne in die angegebene Maßeinheit um:
5,3 km (cm)

*Lösung:*

5,3 km = (5,3 · **1 000**) m = 5 300 m

5 300 m = (5 300 · **10**) dm
= 53 000 dm

53 000 dm = (53 000 · **10**) cm
= 530 000 cm

Rechne schrittweise in die nächstkleinere Maßeinheit um. Achte auf die unterschiedlichen Umrechnungszahlen.

**146** Rechne jeweils in die Maßeinheit um, die in Klammern steht.

a) 12 km (m)
b) 60 cm (dm)
c) 45 dm (m)
d) 154 cm (mm)
e) 254 mm (dm)
f) 9 000 cm (m)
g) 1,5 m (cm)
h) 8 400 dm (km)

**147** Berechne. Gib das Ergebnis jeweils in Metern an.

a) 246 m + 3 250 dm

b) 2 345 cm + 33,23 m

c) 5 km – 4 200 m

d) 3 460 cm + 62 dm

e) 500 dm – 1 300 cm

f) 21 m + 21 dm + 21 cm + 21 mm

**148** Auf welchem Gleis kommt der Zug an?
Wandle in die richtigen Einheiten um.

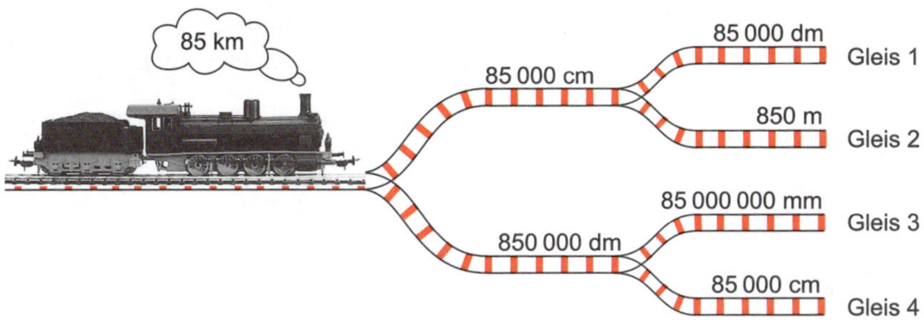


**149** Ordne die Längen der Größe nach. Beginne mit der kleinsten, dann ergibt sich ein Lösungswort.

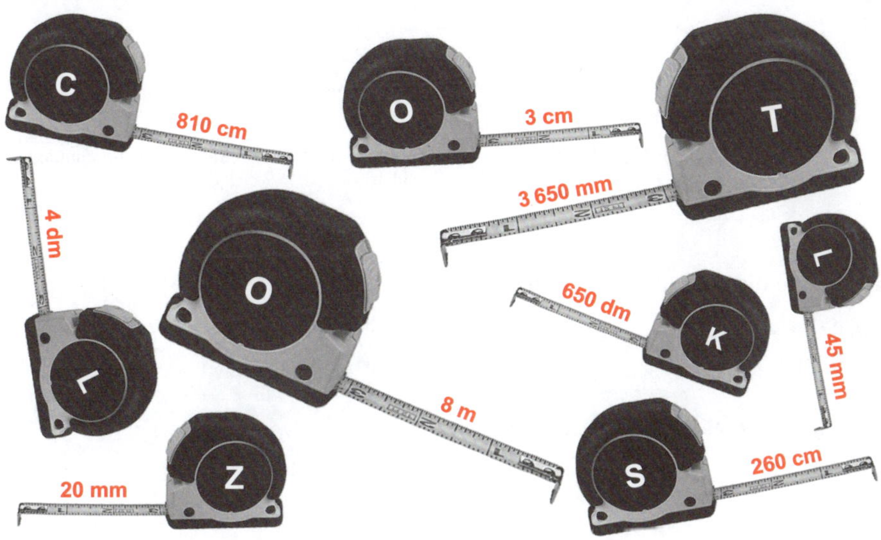


Lösungswort:

# 6 Flächenmaße

Das Klassenzimmer der Klasse 5a ist 8 m lang und 7 m breit. Fabian berechnet die Fläche des Klassenzimmers: $7\text{ m} \cdot 8\text{ m} = 56\text{ m}^2$.
Da bei der Berechnung der Fläche zwei Längenmaße (Meter) miteinander multipliziert werden, gibt man die Flächeneinheit als Längeneinheiten zum Quadrat (Quadratmeter) an.

Gebräuchliche **Maßeinheiten der Fläche** sind Quadratmillimeter ($mm^2$), Quadratzentimeter ($cm^2$), Quadratdezimeter ($dm^2$), Quadratmeter ($m^2$).

> Bei der Umrechnung von **Flächenmaßen** ist die **Umrechnungszahl 100**.
>
> $1\text{ m}^2 = 100\text{ dm}^2$ (**· 100** von links nach rechts, **: 100** von rechts nach links)
>
> $1\text{ dm}^2 = 100\text{ cm}^2$ (**· 100** von links nach rechts, **: 100** von rechts nach links)
>
> $1\text{ cm}^2 = 100\text{ mm}^2$ (**· 100** von links nach rechts, **: 100** von rechts nach links)

Beispiel

Rechne 450 $cm^2$ in die nächstgrößere Maßeinheit um.

*Lösung:*

$4\,500\text{ cm}^2 = (4\,500 : 100)\text{ dm}^2$
$= 45\text{ dm}^2$

Dividiere die Maßzahl durch die Umrechnungszahl 100.

**150** Rechne in die nächstkleinere Maßeinheit um.

a) 8 $dm^2$
b) 38 $cm^2$
c) 0,56 $m^2$
d) 4,07 $dm^2$

**151** Wandle in die nächstgrößere Maßeinheit um.

a) 900 $cm^2$
b) 15 000 $mm^2$
c) 3 380 $dm^2$
d) 653 $cm^2$

**152** Setze die Zeichen <, > oder = ein.

a) 500 $mm^2$ ☐ 6 $cm^2$
b) 25 $m^2$ ☐ 2 500 $cm^2$
c) 760 $dm^2$ ☐ 76 $m^2$
d) 180 $mm^2$ ☐ 1,8 $cm^2$
e) 3 400 $mm^2$ ☐ 3,4 $dm^2$
f) 920 $cm^2$ ☐ 9,02 $mm^2$

## 7 Raummaße (Flüssigkeitsmaße)

Das **Volumen von Flüssigkeiten** wird meist in Litern (ℓ) angegeben. Für größere Mengen ist die Bezeichnung Hektoliter (hℓ) gebräuchlich. Kleinere Flüssigkeitsmengen gibt man in Milliliter (mℓ) an.

- Die **Umrechnungszahl** zwischen **Hektoliter** und **Liter** ist **100**.
- Die **Umrechnungszahl** zwischen **Liter** und **Milliliter** ist **1 000**.

**· 100** → 1 hℓ = 100 ℓ ← **: 100**

**· 1 000** → 1 ℓ = 1 000 mℓ ← **: 1 000**

Beispiel

Wie viele Milliliter hat ein Hektoliter?

*Lösung:*

1 hℓ = (1 · **100**) ℓ = 100 ℓ
100 ℓ = (100 · **1 000**) mℓ
= 100 000 mℓ
1 Hektoliter hat 100 000 mℓ.

Rechne schrittweise in die nächstkleinere Maßeinheit um. Achte auf die unterschiedlichen Umrechnungszahlen.

**153** Rechne jeweils in die Maßeinheit um, die in Klammern steht.

a) 34 hℓ (ℓ)
b) 52 200 mℓ (ℓ)
c) 2,6 hℓ (ℓ)
d) 72,36 ℓ (mℓ)
e) 95,5 ℓ (hℓ)
f) 450 mℓ (ℓ)

**154** Fülle die Tabelle aus.

| | hℓ | ℓ | mℓ |
|---|---|---|---|
| a) | 47 hℓ | | |
| b) | | 9 500 ℓ | |
| c) | | | 142 600 mℓ |
| d) | | 674 ℓ | |

**155** Berechne. Gib das Ergebnis jeweils in Litern an.

a) 85 ℓ + 21 000 mℓ
b) 49 hℓ − 3 300 ℓ
c) 5,2 hℓ + 2 076 ℓ
d) 4 hℓ 23 ℓ + 6 ℓ + 2 000 mℓ

**156** Ordne den Größen die richtigen Bilder zu. Wie lautet das Lösungswort?

- 10 ℓ ☐
- 11 hℓ ☐
- 40 ℓ ☐
- 100 ℓ ☐
- 200 mℓ ☐
- 2 500 mℓ ☐
- 1,8 hℓ ☐

## Vermischte Aufgaben

**157** Wandle die Größen in die vorgegebenen Maßeinheiten um.

a) 17 min (s)
b) 321 $mm^2$ ($cm^2$)
c) 5 250 g (kg)
d) 26 800 dm (km)

**158** Setze die Zeichen <, > oder = ein.

a) 230 kg ☐ 2,3 t
b) 101 ℓ ☐ 1 hℓ
c) 363 cm ☐ 3,63 m
d) 50 000 ct ☐ 50 €

**159** Berechne.

a) 36 $cm^2$ – 200 $mm^2$
b) 5,5 kg + 1,2 kg + 3 400 g
c) 2,5 hℓ – 140 ℓ – 1 hℓ
d) 1,1 km + 400 m – 2 000 dm

**160** Beantworte die Fragen.

a) Wie viele Zentimeter hat ein Kilometer?
b) Wie viele Tonnen sind eine Million Kilogramm?
c) Wie viele Minuten hat eine Woche?
d) Wie viele Quadratzentimeter hat ein Quadratmeter?
e) Wie viele Hektoliter sind eine Million Milliliter?

# 8 Sachrechnen mit Größen

Löse Sachaufgaben am besten Schritt für Schritt. Folgender **Lösungsplan** hilft dir dabei:

1. **Lies** den Aufgabentext **genau** und **konzentriert** durch und **markiere** alle **wichtigen Größen** und Informationen (z. B. farbig oder durch Unterstreichen).
2. **Fasse** bei umfangreichen Aufgaben die wichtigen Angaben noch einmal **schriftlich zusammen**.
3. Überlege, was **gesucht** ist. Wenn es keine Rechenfrage gibt, musst du selbst eine **sinnvolle Rechenfrage** stellen und aufschreiben.
4. Lege **sinnvolle Maßeinheiten** fest und rechne, wenn nötig um.
5. Zerlege komplizierte Sachaufgaben in **Teilaufgaben** und fertige eine **Skizze** an.
6. Löse am besten **schrittweise**. Schreibe auch **Zwischenrechnungen** auf dein Blatt.
7. Beantworte die Rechenfrage mit einem **Antwortsatz**.
8. **Überprüfe** dein Ergebnis (z. B. mit einer Überschlagsrechnung).

Beispiel

Felix hat von seinen Großeltern zum Geburtstag 50 € bekommen. Davon will er 15 € für ein Fußballtrainingslager sparen. Für sein anderes Hobby, Tennis, braucht er neue Tennisbälle, neue Griffbänder und neue Saiten für seine Schlägerbespannung. Eine 3er-Packung Tennisbälle kostet 600 ct.
Die Griffbänder bekommt er für 7 €. Für die Saiten gibt er 11 € aus. Für insgesamt 800 ct kauft er Süßigkeiten.

*Lösung:*

Felix hat von seinen Großeltern zum Geburtstag **50 € bekommen**. Davon will er **15 €** für ein Fußballtrainingslager **sparen**. Für sein anderes Hobby, Tennis, braucht er neue Tennisbälle, neue Griffbänder und neue Saiten für seine Schlägerbespannung. Eine 3er-Packung **Tennisbälle** kostet **600 ct**. Die **Griffbänder** bekommt er für **7 €**. Für die **Saiten** gibt er **11 €** aus. Für insgesamt **800 ct** kauft er **Süßigkeiten**.

1. Lies den Aufgabentext genau und konzentriert durch und markiere alle wichtigen Größen und Informationen.

- Felix hat 50 € bekommen.
- Davon will er 15 € sparen.
- Die Tennisbälle kosten 600 ct.
- Die Griffbänder bekommt er für 7 €.
- Für die Seiten gibt er 11 € aus.
- Für 800 ct kauft er Süßigkeiten.

2. Fasse die wichtigen Angaben noch einmal schriftlich zusammen.

*Rechenfrage:*
Reicht das Geld der Großeltern für seine Wünsche?
Wenn ja, wie viel Geld bleibt ihm noch übrig?

3. Überlege, was gesucht ist. Wenn es keine Rechenfrage gibt, musst du selbst eine sinnvolle Rechenfrage stellen und aufschreiben.

*Rechnungen:*
600 ct = 6 €
800 ct = 8 €

4. Lege sinnvolle Maßeinheiten fest und rechne, wenn nötig, um.

*Wie viel Geld kann Felix noch ausgeben, wenn er 15 € spart?*
50 € − 15 € = 35 €

5. Zerlege komplizierte Sachaufgaben in Teilaufgaben.
6. Löse am besten schrittweise. Schreibe auch Zwischenrechnungen auf dein Blatt.

*Wie viel Geld gibt er aus?*
6 € + 7 € + 11 € + 8 € = 32 €

*Reicht das Geld?*
35 € > 32 €

*Wie viel Geld bleibt ihm noch übrig?*
35 € − 32 € = **3 €**

*Antwortsatz:*
Das Geld reicht. Felix bleiben noch 3 € übrig.

7. Beantworte die Rechenfragen mit einem Antwortsatz.

*Probe:*
15 € + 7 € + 8 € + 11 € + 6 € + **3 €** = 50 € ✓

8. Überprüfe dein Ergebnis.

Überlege dir zu jeder Sachaufgabe zuerst **eigene Rechenfragen**. Die hier im Buch gestellten Rechenfragen musst du rückwärtslesen, um sie mit deinen eigenen zu vergleichen. Löse dann die Aufgaben.

**161** Frau Mayer und Herr Huber kaufen bei der Bäckerei Großmüller ein. Beide bezahlen jeweils mit eine 20 €-Schein.

Rechnung Frau Mayer:

| *Bäckerei Großmüller* | | |
|---|---|---|
| 6× | Mohnschnecke | 6,90 € |
| 8× | Semmel | 2,80 € |
| 2× | Brot | 5,86 € |
| | | ? € |

Rechnung Herr Huber:

| *Bäckerei Großmüller* | | |
|---|---|---|
| 4× | Mohnschnecke | 4,60 € |
| 10× | Semmel | 3,50 € |
| 1× | Brot | ? € |
| | | 10,35 € |

a) ?nelhazeb reyaM uarF ssum leiv eiW

b) ?rebuH nrreH nov torB sad tetsok leiv eiW

c) ?kcüruz redej tmmokeb dlegleshceW leiv eiW

**162** In einem neuen Schwimmbad werden fünf Becken mit Wasser gefüllt:
In das Schwimmerbecken passen 375 Hektoliter, in das Außenbecken 50,5 Hektoliter, in den Whirlpool 1 000 Liter, in das Planschbecken 700 Liter und in das Sprungbecken 87,5 Hektoliter.

?nemmasuz nekceB nella ni dnis ressaW retilotkeH eleiv eiW

**163** Die beiden Freunde Alexander und Marc machen eine Skitour auf die 1 896 m hohe Steinplatte. Hier siehst du den Verlauf der Tour:

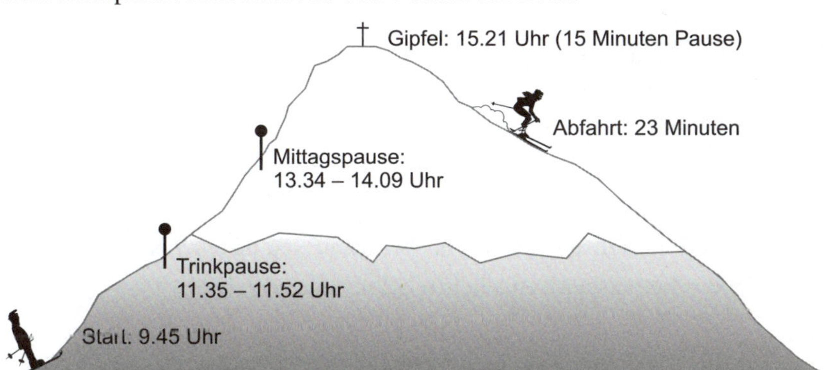


a) ?na laT mi nedieB eid nemmok nnaW

b) ?nesuaP evisulkni ruotikS eid treuad egnal eiW

c) ?nesuaP enho ruotikS eid treuad egnal eiW

**164** Familie Papadouris hat für den Umzug einen 340 Kilogramm schweren Anhänger gemietet. Sein zulässiges Gesamtgewicht beträgt 500 Kilogramm. Folgende Gegenstände sollen mit dem Anhänger transportiert werden:

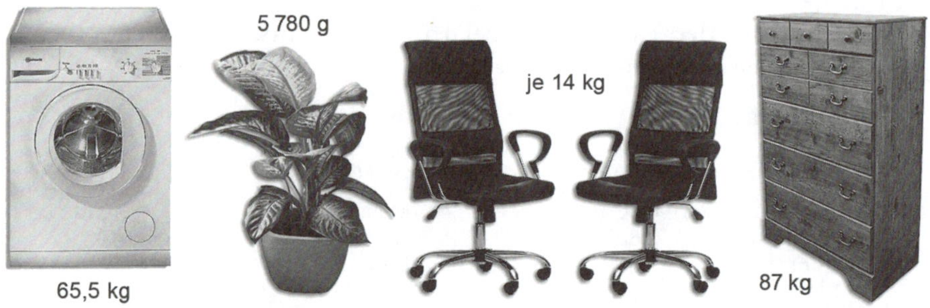


?regnähnA ned fua ednätsnegeG ella nefrüD

**165** Stefan bekommt von seiner Oma jedesmal 2 € wenn er ihren Rasen mäht. In nächster Zeit möchte er sich einen neuen MP3-Player für 49,95 € kaufen. 24 € hat er dafür bereits gespart. Seine Mutter legt noch 9 € 95 ct dazu, wenn sie den MP3-Player gelegentlich zum Joggen benutzen darf.
?nebah uz reyalP-3PM ned rüf dleG dnegüneg mu ,nehäm nesaR ned nafetS ssum tfo eiW

**166** Lena (11 Jahre) geht mit ihrer Mutter und ihrem großen Bruder (15 Jahre) für 5 Stunden ins Schwimmbad. Hier siehst du die Eintrittspreise:

| | 3 Stunden | Tageskarte |
|---|---|---|
| **Erwachsene** | 8 € | 12 € |
| **Kinder (bis 14 Jahre)** | 5 € | 9 € |
| **Familienkarte (2 Erwachsene und bis zu 3 Kinder)** | 20 € | 33 € |

Verlängerung je angefangene Stunde:
1,50 € pro Person

a) ?nelhazeb sierP netsgitsnüg ned eis nnew ,ttirtniE red tsi reuet eiW

b) ?eilimaF eid rüf etraksegaT enie hcis tnhol nednutS neleiv eiw bA

**167** Familie Feist will in allen Zimmern ihrer Wohnung neue Böden verlegen. Der Boden, den sie sich ausgesucht haben, kostet pro Quadratmeter 25 €.

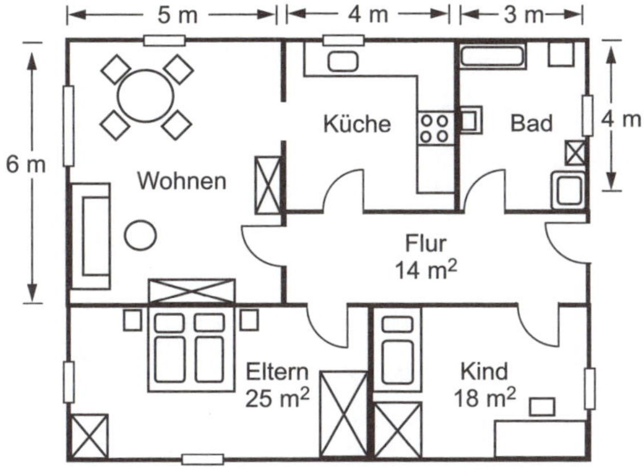


?nelhazeb tsieF eilimaF ssum leiv eiW

**168** Herr Schuster und sein Nachbar Herr Linner fahren mit den Fahrrädern entlang der Donau von Regensburg nach Wien. Sie wollen die gesamten 487,6 Kilometer in genau einer Woche fahren. Herr Linner hat die gefahrenen Tageskilometer sowie die reine Fahrzeit auf seinem Tacho gespeichert:

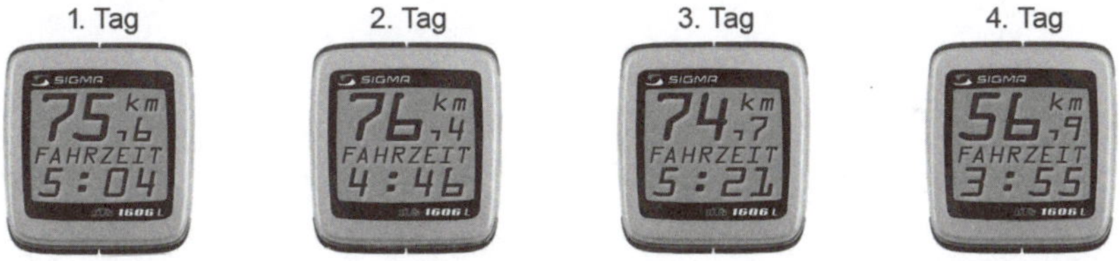


An den verbleibenden Tagen möchten sie jeweils gleich viele Kilometer fahren.

a) ?rehsib tiezrhaF enier eid tsi gnal eiW

b) ?negaT nednebielbrev ned na sliewej eis nerhaf retemoliK eleiv eiW

# Lösungen

**„Aufschlüsseln“** erlaubt! Mit den **Lösungen** kannst du überprüfen, ob deine eigenen Rechnungen und Ergebnisse richtig sind.

**1**

| | HMd | ZMd | Md | HM | ZM | M | HT | ZT | T | H | Z | E | Zahl |
|---|---|---|---|---|---|---|---|---|---|---|---|---|---|
| a) | | | | | | | | 8 | 8 | 1 | 1 | 1 | 88 111 |
| b) | | | | | | 6 | 0 | 8 | 5 | 0 | 0 | 6 | 6 085 006 |
| c) | | | 4 | 4 | 4 | 0 | 0 | 0 | 6 | 0 | 9 | 1 | 4 440 006 091 |
| d) | 8 | 8 | 2 | 4 | 0 | 0 | 4 | 2 | 6 | 6 | 6 | 6 | 882 400 426 666 |
| e) | 3 | 0 | 1 | 0 | 1 | 0 | 5 | 5 | 0 | 3 | 0 | 7 | 301 010 550 307 |

**2**

| | HMd | ZMd | Md | HM | ZM | M | HT | ZT | T | H | Z | E | Zahl |
|---|---|---|---|---|---|---|---|---|---|---|---|---|---|
| a) | | | | | | 2 | 0 | 4 | 3 | 0 | 5 | 7 | 2 043 057 |
| b) | | | | | | | | 3 | 1 | 5 | 5 | 5 | 31 555 |
| c) | | | 4 | 0 | 2 | 2 | 0 | 8 | 1 | 0 | 3 | 0 | 4 012 081 030 |
| d) | | 3 | 6 | 0 | 0 | 0 | 6 | 0 | 3 | 4 | 1 | 9 | 36 000 603 419 |

**3** a) vierundvierzigtausenddreihundert-dreiunddreißig

b) sechs Millionen fünfhundertzwölf-tausendzweihundertvierzig

Beachte: Zahlwörter unter einer Million schreibt man klein und zusammen.

**4** a) **875** < 876 < **877**

b) **4 999** < 5 000 < **5 001**

c) **14 014** < 14 015 < **14 016**

d) **589 998** < 589 999 < **590 000**

**5** a) Kleinste vierstellige Zahl: 1 000

b) Größte fünfstellige Zahl: 99 999

**6** a) **620** < 628 < **630**

b) **910** < 912 < **920**

c) **2 390** < 2 396 < **2 400**

d) **5 400** < 5 403 < **5 410**

**7** a)

b)

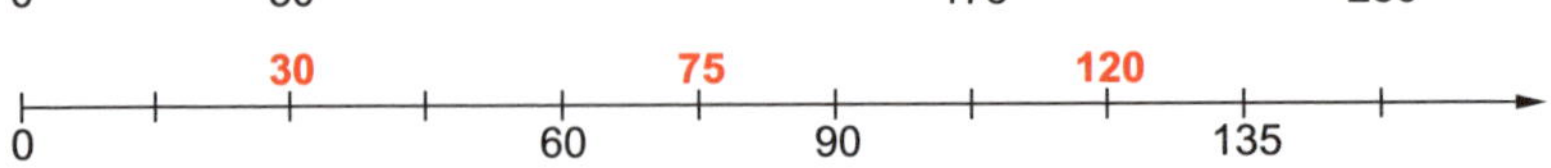


c)

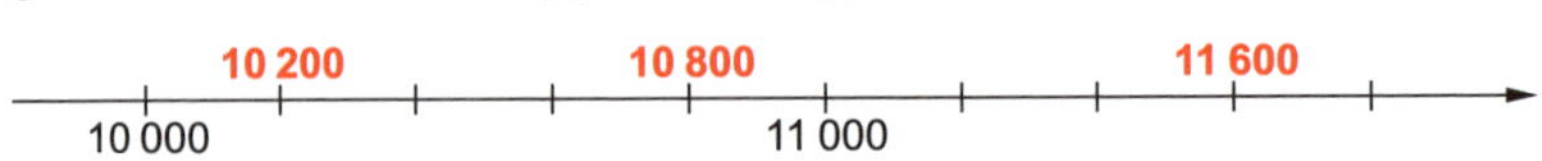


d)

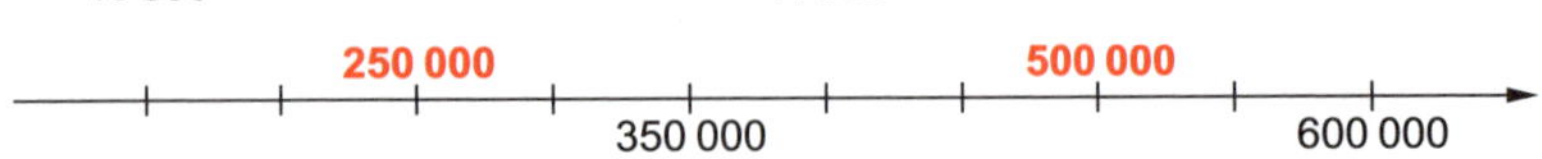

**8** Vergleiche die Stellenwerte der Zahlen von rechts nach links.
3 287 < 23 675 < 24 536 < 32 754 < 332 457 < 332 541
Lösungswort: **TURNEN**

**9**
a) 50, 100, 150, **200**, **250**, **300**
(+50 +50 +50 +50 +50)

b) 11, 22, 33, **44**, **55**, **66**
(+11 +11 +11 +11 +11)

c) 987, 957, 927, **897**, **867**, **837**
(−30 −30 −30 −30 −30)

d) 98, 97, 95, 92, 88, **83**, **77**, **70**
(−1 −2 −3 −4 −5 −6 −7)

**10**

| | | | |
|---|---|---|---|
| a) Zehner | **2**0 | 8**8**0 | 5 3**0**0 |
| b) Hunderter | **4**00 | 2 **4**00 | 10 **7**00 |
| c) Tausender | **5** 000 | 2**4** 000 | 47**1** 000 |
| d) Zehntausender | **1**0 000 | 8**4**0 000 | 1 0**9**0 000 |
| e) Hunderttausender | **7**00 000 | 7 **4**00 000 | 50 **0**00 000 |
| f) Millionen | **2** 000 000 | 1**0** 000 000 | 25**4** 000 000 |

**11**

| | Gerundete Zahl | Kleinstmögliche Zahl | Größtmögliche Zahl |
|---|---|---|---|
| a) | 10 | 5 | 14 |
| b) | 240 | 235 | 244 |
| c) | 3 000 | 2 500 | 3 499 |
| d) | 99 900 | 99 850 | 99 949 |

**12**
E-Gitarre: 255 € ≈ **300 €**
Navigationsgerät: 339 € ≈ **300 €**
Snowboard: 319 € ≈ **300 €**
Waschmaschine: 249 € ≈ 200 €
Digitalkamera: 215 € ≈ 200 €
Ledersofa: 354 € ≈ 400 €

**13**
a) 132 450 615 ≈ 132 450 6**1**0
Hier wurde falsch auf Zehner gerundet.
*Richtige Lösung:* 132 450 615 ≈ 132 450 6**2**0

b) 621 578 713 ≈ 6 200 000 00**0**
Eine Null wurde zu viel ergänzt.
*Richtige Lösung*: 621 578 713 ≈ 620 000 000

c) 892 468 916 ≈ 890 **468 916**
Nach dem Runden wurden die restlichen Ziffern nicht durch Nullen ersetzt.
*Richtige Lösung:* 892 468 916 ≈ 890 **000 000**

d) 2 461 111 463 ≈ 2 461 1**2**0 000
Hier wurde falsch auf Zehntausender gerundet.
*Richtige Lösung:* 2 461 111 463 ≈ 2 461 1**1**0 000

**14**

| Berg | Höhe |
|---|---|
| Mount Everest (Tibet) | 8 848 m ≈ 9 000 m |
| Kilimandscharo (Tansania) | 5 895 m ≈ 6 000 m |
| Zugspitze (Deutschland) | 2 962 m ≈ 3 000 m |
| Aconcagua (Argentinien) | 6 962 m ≈ 7 000 m |
| Montblanc (Frankreich/Italien) | 4 810 m ≈ 5 000 m |
| Mount McKinley (Alaska) | 6 195 m ≈ 6 000 m |

Wähle für die Säulenhöhe am besten folgende Einheit:
1 000 m → 1 cm

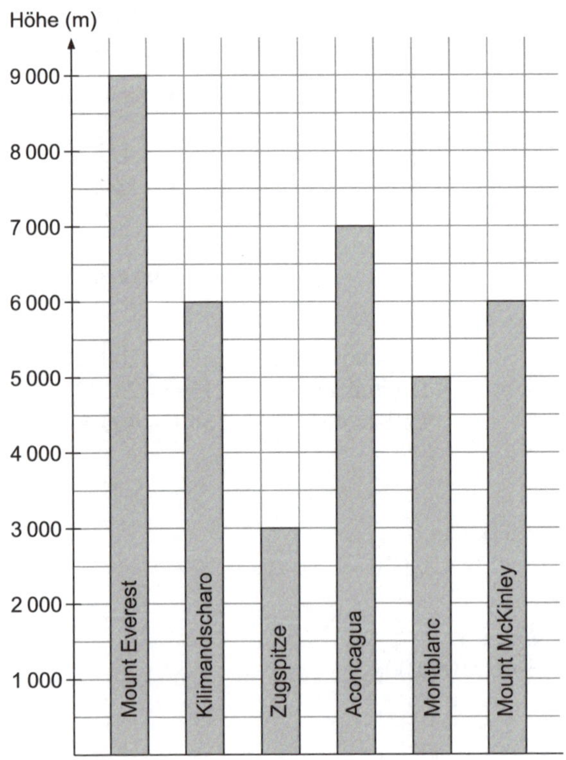

**15** a) Bayern hat die größte Fläche, Bremen die kleinste Fläche.

b) Baden-Württemberg hat ungefähr eine Fläche von 36 000 km$^2$.
Lies auch die Flächen der anderen Bundesländer aus dem Diagramm ab und kontrolliere sie z. B. im Internet oder mit deinem Atlas.

**16** a)

| **Haustier** | **Anzahl der Schüler** |
|---|---|
| Hamster | $17 \approx 20$ |
| Hund | $39 \approx 40$ |
| Katze | $46 \approx 50$ |
| Kanarienvogel | 10 |
| Meerschweinchen | $26 \approx 30$ |
| Kaninchen | $18 \approx 20$ |
| Goldfisch | $8 \approx 10$ |

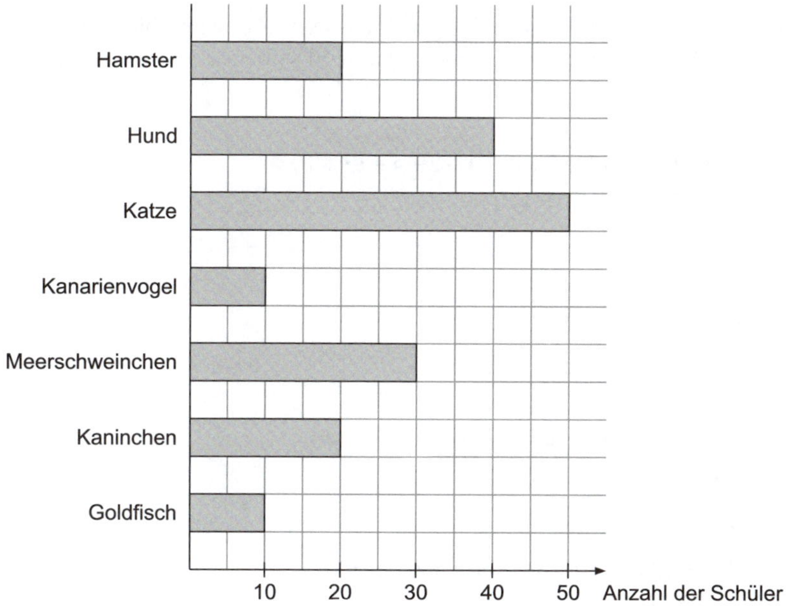


b) Aus dem Diagramm lässt sich z. B. nicht ablesen, wie viele Schüler keine oder andere Haustiere haben. Die Umfrage berücksichtigt auch nicht, ob ein Schüler eventuell mehrere Haustiere hat.

**17** a) 70 € + 160 € = 230 €

b) 230 € – 50 € = 180 €

c) 180 € + 150 € = 330 €

d) 330 € + 120 € = 450 €

**18** Es hilft dir, wenn du die Zahlen jeweils zu Zehner- bzw. Zwanzigerbündeln zusammenfasst. Andere Bündel können auch sinnvoll sein.
Zum Beispiel:

$\underbrace{7+3}_{10}+\underbrace{11+9}_{20}+\underbrace{14+6}_{20}+\underbrace{12+8}_{20}+\underbrace{5+15}_{20}+\underbrace{1+2+4+13}_{20}+10=$

$10+20+20+20+20+20+10=120$

**19** a) $\overbrace{32+45+18}^{50}+35$ = 50 + 80 = 130, with 45 + 35 = 80

b) 78 + 23 + 96 + 22 + 77 + 44 = 100 + 100 + 140 = 340 (78 + 22 = 100; 96 + 44 = 140; 23 + 77 = 100)

c) 3 200 + 2 210 + 800 + 290 = 4 000 + 2 500 = 6 500 (3 200 + 800 = 4 000; 2 210 + 290 = 2 500)

d) 333 + 147 + 153 + 256 + 111 = 300 + 444 + 256 = 300 + 700 = 1 000 (333 + 111 = 444; 147 + 153 = 300; 444 + 256 = 700)

**20**

a) $68 + \square = 100$
$68 + 2 + 30 = 100$
$68 + \mathbf{32} = 100$

b) $126 + \square = 200$
$126 + 4 + 70 = 200$
$126 + \mathbf{74} = 200$

c) $\square + 237 = 500$
$3 + 60 + 200 + 237 = 500$
$\mathbf{263} + 237 = 500$

d) $755 + \square = 1\,000$
$755 + 5 + 40 + 200 = 1\,000$
$755 + \mathbf{245} = 1\,000$

e) $318 + \square = 650$
$318 + 2 + 80 + 200 + 50 = 650$
$318 + \mathbf{332} = 650$

f) $\square + 760 = 1\,500$
$40 + 200 + 500 + 760 = 1\,500$
$\mathbf{740} + 760 = 1\,500$

**21**

a)

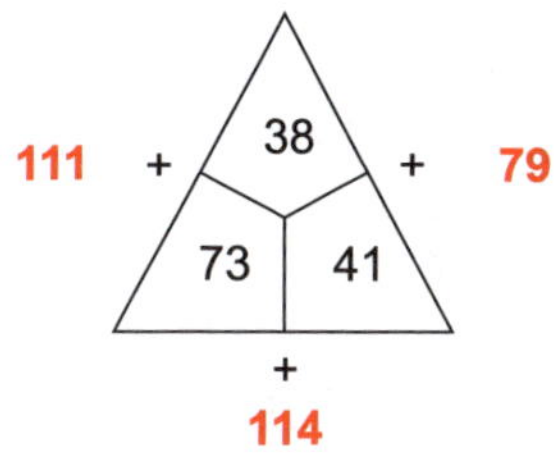


b)

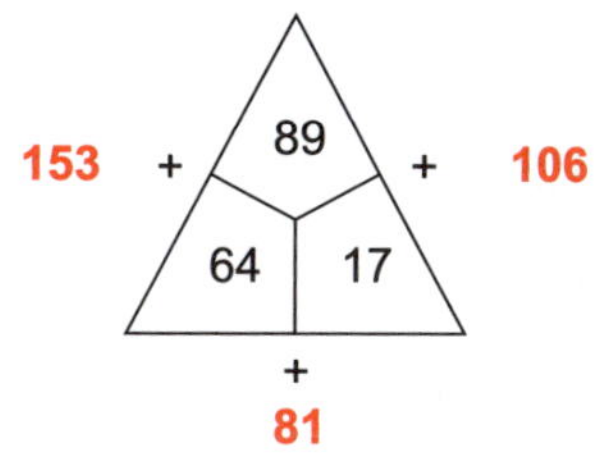


**22**

a)

| | T | H | Z | E |
|---|---|---|---|---|
| | 4 | 2 | 4 | 2 |
| + | | 9 | 3 | 4 |
| | 1 | | | |
| | 5 | 1 | 7 | 6 |

b)

| | ZT | T | H | Z | E |
|---|---|---|---|---|---|
| | | 6 | 2 | 4 | 2 |
| + | | 5 | 8 | 3 | 6 |
| | 1 | 1 | | | |
| | 1 | 2 | 0 | 7 | 8 |

c)

| | ZT | T | H | Z | E |
|---|---|---|---|---|---|
| | | 3 | 4 | 6 | 7 |
| + | 3 | 6 | 3 | 2 | 6 |
| | | | | 1 | |
| | 3 | 9 | 7 | 9 | 3 |

d)

| | HT | ZT | T | H | Z | E |
|---|---|---|---|---|---|---|
| | | 1 | 7 | 5 | 3 | 4 |
| | | | 9 | 4 | 8 | 2 |
| + | | 8 | 3 | 0 | 6 | 0 |
| | 1 | 2 | 1 | 1 | | |
| | 1 | 1 | 0 | 0 | 7 | 6 |

**23**

a)

| | | | | |
|---|---|---|---|---|
| | 1 | 2 | 3 | 5 |
| + | | 8 | 4 | 3 |
| | 1 | | | |
| | 2 | 0 | 7 | 8 |

b)

| | | | | |
|---|---|---|---|---|
| | | 6 | 8 | 7 |
| + | 5 | 4 | 7 | 8 |
| | 1 | 1 | 1 | |
| | 6 | 1 | 6 | 5 |

c)

| | | | | | |
|---|---|---|---|---|---|
| | | | 8 | 1 | 2 |
| | | 9 | 1 | 2 | 5 |
| + | 2 | 9 | 6 | 2 | 3 |
| | 1 | 1 | | 1 | |
| | 3 | 9 | 5 | 6 | 0 |

d)

| | | | | | | | |
|---|---|---|---|---|---|---|---|
| | | | | 7 | 9 | 5 | 4 |
| | | | | 8 | 5 | 7 | 8 |
| | | | 9 | 8 | 7 | 5 | 4 |
| + | | 9 | 8 | 6 | 5 | 4 | 9 |
| | 1 | 2 | 3 | 2 | 2 | 2 | |
| | 1 | 1 | 0 | 1 | 8 | 3 | 5 |

**24** a)
$$\begin{array}{r} 6\,3\,8\,1\\ 6\,8\,1\,9\\ +\quad 9\,3\,1\,5\\ {\scriptstyle 2\,1\,1\,1}\\ \hline 2\,2\,5\,1\,5 \end{array}\quad \textbf{B}$$

b)
$$\begin{array}{r} 2\,3\,8\,9\\ 9\,8\,2\,4\,6\\ +\quad 4\,5\,5\,5\,2\\ {\scriptstyle 1\,1\,1\,1\,1}\\ \hline 1\,4\,6\,1\,8\,7 \end{array}\quad \textbf{U}$$

c)
$$\begin{array}{r} 3\,5\,9\,6\,6\\ 5\,2\,6\,8\,9\\ +\,8\,2\,6\,5\,4\,1\\ {\scriptstyle 1\,1\,2\,1\,1}\\ \hline 9\,1\,5\,1\,9\,6 \end{array}\quad \textbf{C}$$

d)
$$\begin{array}{r} 5\,0\,5\,9\,0\,7\\ 8\,0\,6\,9\,8\,0\\ +\quad 9\,7\,1\,2\,0\,0\,5\\ {\scriptstyle 1\,2\quad 1\,1\quad 1}\\ \hline 1\,1\,0\,2\,4\,8\,9\,2 \end{array}\quad \textbf{H}$$

Lösungswort: **BUCH**

**25** a)

| H | Z | E |
|---|---|---|
| 2 | 4 | 5 |
| – 1 | 3 | 4 |
| 1 | 1 | 1 |

b)

| T | H | Z | E |
|---|---|---|---|
| 8 | | | |
| $\not{9}$ | ${}_{1}2$ | 5 | 7 |
| – 2 | 4 | 5 | 6 |
| 6 | 8 | 0 | 1 |

c)

| T | H | Z | E |
|---|---|---|---|
| 4 | ${}_{1}0$ | | |
| $\not{5}$ | $\not{1}$ | ${}_{1}0$ | 4 |
| – 3 | 9 | 5 | 4 |
| 1 | 1 | 5 | 0 |

d)

| HT | ZT | T | H | Z | E |
|---|---|---|---|---|---|
| | 6 | 9 | 9 | 9 | |
| 1 | $\not{7}$ | $\not{0}$ | $\not{0}$ | $\not{0}$ | ${}_{1}0$ |
| – 1 | 6 | 3 | 6 | 4 | 5 |
| | | 6 | 3 | 5 | 5 |

**26** a)
$$\begin{array}{r} 5\,9\,6\\ -\,3\,4\,2\\ \hline 2\,5\,4 \end{array}$$

b)
$$\begin{array}{r} {\scriptstyle 8}\phantom{\,{}_{1}3}\\ 8\,\not{9}\,{}_{1}3\\ -\,2\,7\,8\\ \hline 6\,1\,5 \end{array}$$

c)
$$\begin{array}{r} {\scriptstyle 6\;\;{}_{1}1\;\;{}_{1}3}\phantom{\;{}_{1}5}\\ \not{7}\,\not{2}\,\not{4}\,{}_{1}5\\ -\,3\,6\,5\,8\\ \hline 3\,5\,8\,7 \end{array}$$

d)
$$\begin{array}{r} {\scriptstyle 0\;\;9}\phantom{\;{}_{1}5}\\ 2\,\not{1}\,\not{0}\,{}_{1}5\\ -\,1\,0\,7\,7\\ \hline 1\,0\,2\,8 \end{array}$$

e)
$$\begin{array}{r} {\scriptstyle 6\;\;9\;\;{}_{1}1\;\;{}_{1}2}\phantom{\;{}_{1}4}\\ \not{7}\,\not{0}\,\not{2}\,\not{3}\,{}_{1}4\\ -\quad 8\,2\,4\,5\\ \hline 6\,1\,9\,8\,9 \end{array}$$

f)
$$\begin{array}{r} {\scriptstyle 1\;\;{}_{1}3\;\;{}_{1}4\;\;9}\phantom{\;{}_{1}0\,7}\\ \not{2}\,\not{4}\,\not{5}\,\not{0}\,{}_{1}0\,7\\ -\,1\,4\,7\,0\,5\,5\\ \hline 9\,7\,9\,5\,2 \end{array}$$

**27** a) I.

```
  2 3 4 6 3
−   3 4 5 2
  ---------
  2 0 0 1 1
```

II.

```
   1 9 9 ₁0
   2 0 0 1 ₁1
−    2 3 4 5
  ----------
   1 7 6 6 6
```

(2, 0, 0, 1 durchgestrichen)

b) I.

```
       2 9
  8 4 3 0 ₁6
−     2 3 8
  ----------
  8 4 0 6 8
```

(3, 0 durchgestrichen)

II.

```
    3 9
  8 4 0 ₁6 8
− 1 0 4 9 8
  ----------
  7 3 5 7 0
```

(4, 0 durchgestrichen)

**28** a) I.

```
  5 4 3 6 4
+     3 6 9
      1 1
  ---------
  5 4 7 3 3
```

II.

```
     8 9
  1 9 0 ₁0 4 5
−   5 4 7 3 3
  ------------
  1 3 5 3 1 2
```

(9, 0 durchgestrichen)

b) I.

```
  3 8 1 9
+ 2 4 9 3
  1 1 1
  -------
  6 3 1 2
```

II.

```
  6    7
  7 ₁0 8 ₁0 9
−    6 3 1 2
  -----------
  6 4 4 9 7
```

(7, 8 durchgestrichen)

**29** a)

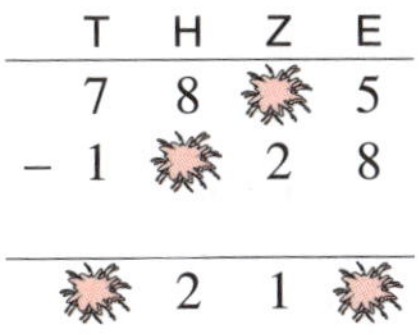

| T | H | Z | E |
|---|---|---|---|
| 7 | 8 | | 5 |
| – 1 | | 2 | 8 |
| | 2 | 1 | |

⇒

```
  T H Z  E
      3
  7 8 4 ₁5
− 1 6 2  8
  --------
  6 2 1  7
```

- E: 5 – 8 „geht nicht“
  → Du musst dir einen Zehner borgen. 15 – 8 = **7**
- Z: Eine Zahl minus 2 ist 1.
  3 – 2 = 1; aber du hast dir einen Zehner geborgt.
  → Du musst eine **4** schreiben.
- H: 8 – **6** = 2
- T: 7 – 1 = **6**

b)

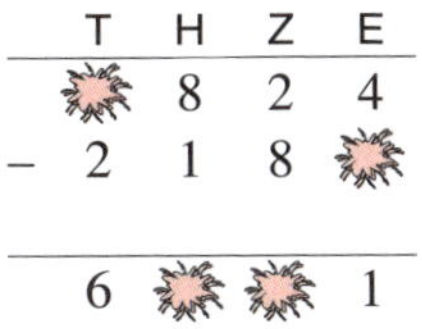

| T | H | Z | E |
|---|---|---|---|
| | 8 | 2 | 4 |
| – 2 | 1 | 8 | |
| 6 | | | 1 |

⇒

```
  T H  Z E
    7
  8 8 ₁2 4
− 2 1  8 3
  --------
  6 6  4 1
```

- E: 4 – **3** = 1
- Z: 2 – 8 = 1 „geht nicht“
  → Du musst dir einen Hunderter borgen. 12 – 8 = **4**.
- H: Du hast dir einen Hunderter geborgt, deshalb musst du 7 – 1 = **6** rechnen.
- T: **8** – 2 = 6

**30** a) $2 \cdot 4 = 8$
*oder:*
$4 \cdot 2 = 8$

b) $3 \cdot 3 = 9$

c) $4 \cdot 3 = 12$
*oder:*
$3 \cdot 4 = 12$

d) $5 \cdot 4 = 20$
*oder:*
$4 \cdot 5 = 20$

**31** Berechne zuerst die fehlenden Zahlen in den äußeren Feldern. Fülle dann die anderen Felder aus.

a) $\square \cdot 6 = 18 \quad \Rightarrow \quad \mathbf{3} \cdot 6 = 18$

$5 \cdot \square = 35 \quad \Rightarrow \quad 5 \cdot \mathbf{7} = 35$

| • | 4 | 6 | 7 |
|---|---|---|---|
| **3** | 12 | 18 | 21 |
| **5** | 20 | 30 | 35 |
| **12** | 48 | 72 | 84 |

b) $5 \cdot \square = 10 \quad \Rightarrow \quad 5 \cdot \mathbf{2} = 10$

$\square \cdot 9 = 72 \quad \Rightarrow \quad \mathbf{8} \cdot 9 = 72$

$5 \cdot \square = 55 \quad \Rightarrow \quad 5 \cdot \mathbf{11} = 55$

| • | 2 | 9 | 11 |
|---|---|---|---|
| **5** | 10 | 45 | 55 |
| **8** | 16 | 72 | 88 |
| **14** | 28 | 126 | 154 |

**32** a)
$$\begin{array}{r} 1\,2\,0\,5 \cdot 5 \\ \hline 6\,0\,2\,5 \end{array}$$

- $5 \cdot 5 = 25$ → Schreibe **5**, merke 2.
- $0 \cdot 5;\ 0 + 2 = 2$ → Schreibe **2**.
- $2 \cdot 5 = 10$ → Schreibe **0**, merke 1.
- $1 \cdot 5 = 5;\ 5 + 1 = 6$ → Schreibe **6**.

Bei den weiteren Aufgaben kannst du genauso vorgehen.

b)
$$\begin{array}{r} 8\,7\,4 \cdot 7 \\ \hline 6\,1\,1\,8 \end{array}$$

c)
$$\begin{array}{r} 8\,2 \cdot 6\,7 \\ \hline 4\,9\,2\,0 \\ +\quad 5\,7\,4 \\ {\scriptstyle 1}\quad\;\; \\ \hline 5\,4\,9\,4 \end{array}$$

d)
$$\begin{array}{r} 4\,2\,3 \cdot 1\,2 \\ \hline 4\,2\,3\,0 \\ +\quad 8\,4\,6 \\ {\scriptstyle 1}\quad\;\; \\ \hline 5\,0\,7\,6 \end{array}$$

e)
$$\begin{array}{r} 2\,2\,4\,3 \cdot 1\,5 \\ \hline 2\,2\,4\,3\,0 \\ +\; 1\,1\,2\,1\,5 \\ \hline 3\,3\,6\,4\,5 \end{array}$$

f)
$$\begin{array}{r} 2\,8\,9 \cdot 3\,6 \\ \hline 8\,6\,7\,0 \\ +\; 1\,7\,3\,4 \\ {\scriptstyle 1\,1\,1}\quad \\ \hline 1\,0\,4\,0\,4 \end{array}$$

g)
```
  9 1 3 8 · 3 4
  2 7 4 1 4 0
+   3 6 5 5 2
    1 1
  3 1 0 6 9 2
```

h)
```
  3 9 0 4 7 · 7 9
  2 7 3 3 2 9 0
+   3 5 1 4 2 3
    1       1
  3 0 8 4 7 1 3
```

**33** $12 \cdot 5 = 60 \Rightarrow$
```
  6 0 · 1 3
    6 0 0
+   1 8 0
    7 8 0   ⇒   7 8 0 · 7
                5 4 6 0
```

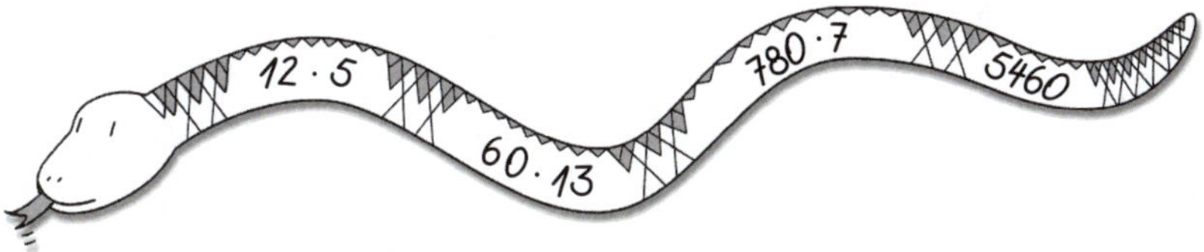


**34** a)
```
  3 4 5 · 2 3
    6 9 0 0
+   □ □ □ 5
    7 □ 3 □
```

- $2 \cdot 5 = 10$
  → Schreibe **0**, merke 1.
- $2 \cdot 4 = 8$; $8 + 1 = 9$
  → Schreibe **9**.
- $2 \cdot$ □ $= 6$
  → $2 \cdot \mathbf{3} = 6$

```
  3 4 5 · 2 3
    6 9 0 0
+   1 0 3 5
    7 □ 3 □
```

- $3 \cdot 5 = 15$
  → Schreibe 5, merke 1.
- $3 \cdot 4 = 12$; $12 + 1 = 13$

→ Schreibe **3**, merke 1.

- $3 \cdot 3 = 9$; $9 + 1 = 10$

→ Schreibe **10**.

```
  3 4 5 · 2 3
    6 9 0 0
+   1 0 3 5
    7 9 3 5
```

- $5 + 0 = \mathbf{5}$
- $0 + 9 = \mathbf{9}$

b) $78\square \cdot \square 6$

| | | | | | |
|---|---|---|---|---|---|
| | □ | □ | 6 | 6 | **0** |
| + | | 4 | **6** | 9 | 8 |
| | | **1** | **1** | | |
| | □ | □ | 3 | 5 | **8** |

- Ergänze **0**.
- $8+0=\mathbf{8}$
- $9+\square=15 \rightarrow 9+\mathbf{6}=15$
  → Merke **1**.
- $1+\square+6=13 \rightarrow 1+\mathbf{6}+6=13$
  → Merke **1**.

$78\mathbf{3} \cdot \square 6$

| | | | | | |
|---|---|---|---|---|---|
| | □ | □ | 6 | 6 | 0 |
| + | | 4 | 6 | 9 | 8 |
| | | 1 | 1 | | |
| | □ | □ | 3 | 5 | 8 |

- $78\square \cdot 6=4698$
  → $4698:6=78\mathbf{3}$
  42
  49
  48
  18
  18
  0

$783 \cdot \mathbf{2}6$

| | | | | | |
|---|---|---|---|---|---|
| | **1** | **5** | 6 | 6 | 0 |
| + | | 4 | 6 | 9 | 8 |
| | | 1 | 1 | | |
| | □ | □ | 3 | 5 | 8 |

- $\square \cdot 3=6$
  → $\mathbf{2} \cdot 3=6$
- $2 \cdot 8=16$
  → Schreibe 6, merke 1.
- $2 \cdot 7=14;\ 14+1=15$
  → Schreibe **15**.

$783 \cdot 26$

| | | | | | |
|---|---|---|---|---|---|
| | 1 | 5 | 6 | 6 | 0 |
| + | | 4 | 6 | 9 | 8 |
| | **1** | 1 | 1 | | |
| | **2** | **0** | 3 | 5 | 8 |

- $1+4+5=10$
  → Schreibe **0**, merke 1.
- $1+1=2$
  → Schreibe **2**.

**35** a) $336:8=42$
$-32$
16
$-16$
0

b) $1205:5=241$
$-10$
20
$-20$
05
$-5$
0

c) $4473:3=1491$
$-3$
14
$-12$
27
$-27$
03
$-3$
0

d) $5200:25=208$
$-50$
20
$-0$
200
$-200$
0

e) $\overset{\frown}{30}96 : 12 = 258$
$$\begin{array}{r} -24\phantom{00} \\ \hline 69\phantom{0} \\ -60\phantom{0} \\ \hline 96 \\ -96 \\ \hline 0 \end{array}$$

f) $\overset{\frown}{246}4 : 56 = 44$
$$\begin{array}{r} -224\phantom{0} \\ \hline 224 \\ -224 \\ \hline 0 \end{array}$$

g) $\overset{\frown}{98}340 : 15 = 6556$
$$\begin{array}{r} -90\phantom{000} \\ \hline 83\phantom{00} \\ -75\phantom{00} \\ \hline 84\phantom{0} \\ -75\phantom{0} \\ \hline 90 \\ -90 \\ \hline 0 \end{array}$$

h) $\overset{\frown}{89}884 : 23 = 3908$
$$\begin{array}{r} -69\phantom{000} \\ \hline 208\phantom{00} \\ -207\phantom{00} \\ \hline 18\phantom{0} \\ -0\phantom{0} \\ \hline 184 \\ -184 \\ \hline 0 \end{array}$$

**36** a) $\overset{\frown}{36}7 : 8 = 45$ Rest 7
$$\begin{array}{r} -32\phantom{0} \\ \hline 47 \\ -40 \\ \hline 7 \end{array}$$

b) $9993 : 7 = 1427$ Rest 4
$$\begin{array}{r} -7\phantom{000} \\ \hline 29\phantom{00} \\ -28\phantom{00} \\ \hline 19\phantom{0} \\ -14\phantom{0} \\ \hline 53 \\ -49 \\ \hline 4 \end{array}$$

c) $\overset{\frown}{20}346 : 13 = 1565$ Rest 1
$$\begin{array}{r} -13\phantom{000} \\ \hline 73\phantom{00} \\ -65\phantom{00} \\ \hline 84\phantom{0} \\ -78\phantom{0} \\ \hline 66 \\ -65 \\ \hline 1 \end{array}$$

d) $\overset{\frown}{128}4 : 39 = 32$ Rest 36
$$\begin{array}{r} -117\phantom{0} \\ \hline 114 \\ -78 \\ \hline 36 \end{array}$$

**37** a) 578 : 578 = ~~0~~ Falsch!
578 : 578 = **1**

b) 436 000 : 100 = 4 360 Richtig!

c) 21 310 : 1 = ~~2 131~~ Falsch!
21 310 : 1 = **21 310**

d) 1 000 000 : 5 000 = ~~20~~ Falsch!
1 000 000 : 5 000 = 1 000 : 5 = **200**

e) 12 000 : 40 = ~~3 000~~ Falsch!
12 000 : 40 = 1 200 : 4 = **300**

f) 903 : 21 = 43 Richtig!
```
 903 : 21 = 43
−84
  63
 −63
   0
```

g) 1 502 : 17 = ~~88 Rest 7~~ Falsch!
```
 1502 : 17 = 88 Rest 6
−136
  142
 −136
    6
```
1502 : 17 = **88 Rest 6**

h) 6988 : 34 = 205 Rest 18 Richtig!
```
 6988 : 34 = 205 Rest 18
−68
  18
  −0
  188
 −170
   18
```

**38** a) 702 : 9 = 78
```
 702 : 9 = 78
−63
  72
 −72
   0
```
Probe: 7 8 · 9
7 0 2

b) $1610 : 35 = 46$
$-140$
$210$
$-210$
$0$

Probe:
$46 \cdot 35$
$1380$
$+\ 230$
$1610$ (Übertrag 1)

c) $6908 : 22 = 314$
$-66$
$30$
$-22$
$88$
$-88$
$0$

Probe:
$314 \cdot 22$
$6280$
$+\ 628$
$6908$ (Übertrag 1)

d) $13440 : 42 = 320$
$-126$
$84$
$-84$
$00$
$-0$
$0$

Probe:
$320 \cdot 42$
$12800$
$+\ 640$
$13440$ (Übertrag 1)

**39** a) **7**45 : 5 = 1**4**9
–5
2**4**
–20
4**5**
**–45**
0

- □ – 5 = 2 → **7** – 5 = 2
- Hole die Zahl **4** nach unten.
- Hole die Zahl **5** nach unten.
- □ · 5 = 20 → **4** · 5 = 20
- 9 · 5 = **45**

b) 47**3**8**5** : 13 = 36**45**
**–39**
**8**3
–78
**58**
–52
**65**
–65
0

- 3 · 13 = **39**
- 47 – 39 = **8**
- Die Zahl **3** wurde nach unten geholt.
  → Schreibe die Zahl **3** nach oben.
- 83 – 78 = **5**
- Hole die Zahl **8** nach unten.
- □ · 13 = 52 → **4** · 13 = 52
- Schreibe die Zahl **4** nach oben.
- 58 – 52 = **6**
- 6□ – 65 = 0 → 6**5** – 65 = 0
- Schreibe die Zahl **5** nach oben.
- □ · 13 = 65 → **5** · 13 = 65

**40** a) 69 − 25 + 56 = 100

b) 47 + 33 + 180 = 260

c) 211 − 73 + 84 − 167 = 55

d) 312 − 96 − 19 − 27 = 170

**41** a)

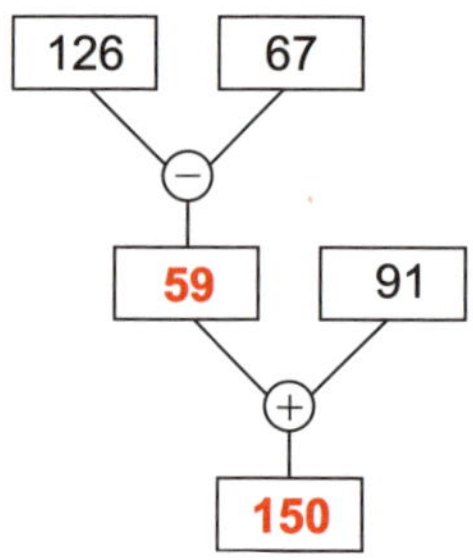


b)

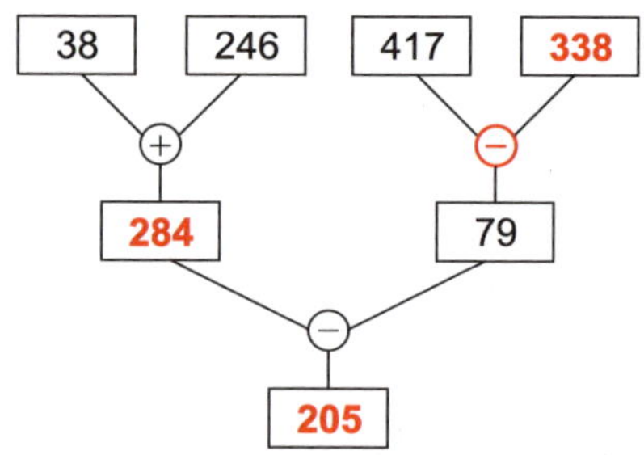


c)

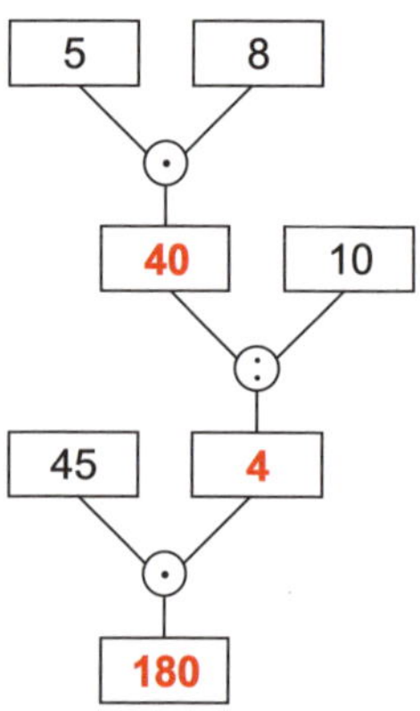


d)

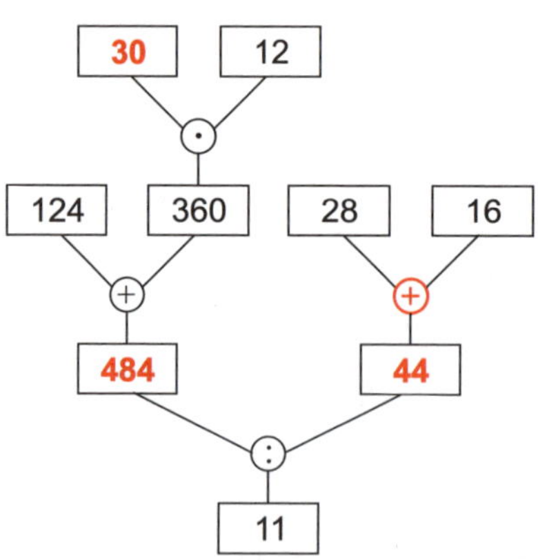


- 360 : 12 = **30**
- 124 + 360 = **484**
- 484 : 11 = **44**
- 28 + 16 = 44

**42** a)

$$\begin{array}{r} \underline{587 \cdot 13} \\ 5870 \\ +\ 1761 \\ \scriptstyle 1\,1\quad \\ \hline 7631 \end{array}$$

Produkt heißt **„mal"**.

b)

$$\begin{array}{r} 2035 \\ +\ 8473 \\ \scriptstyle 1\quad \\ \hline 10508 \end{array}$$

Summe heißt **„plus"**.

c)

$$\begin{array}{r} \scriptstyle 3\qquad\quad 4\quad\; \\ \not{4}\,{}_1 1\,2\,\not{5}\,{}_1 0 \\ -\ 1\;8\,0\,2\;2 \\ \hline 2\;3\,2\,2\;8 \end{array}$$

Differenz heißt **„minus"**.

d)

$$\begin{array}{r} \scriptstyle 3\;{}_1 0\quad \\ 3\,\not{4}\;\not{1}\,{}_1 7 \\ -\ 1\;9\;8 \\ \hline 3\;2\;1\;9 \end{array} \qquad \begin{array}{r} \scriptstyle 2\qquad\quad \\ \not{3}\,{}_1 2\,1\,9 \\ -\ 2\;3\,1\,0 \\ \hline 9\,0\,9 \end{array}$$

Subtrahiere schrittweise.

e)

$$\begin{array}{r} 319 \\ +216 \\ \scriptstyle 1\quad \\ \hline 535 \end{array} \qquad \begin{array}{r} 535 \\ +\ 582 \\ \scriptstyle 1\quad \\ \hline 1117 \end{array}$$

Addiere schrittweise.

f)

$$\begin{array}{l} \overset{\frown}{49}2 : 12 = 41 \\ \underline{-48} \\ \;\;\;12 \\ \;\;\underline{-12} \\ \;\;\;\;\;0 \end{array}$$

Quotient heißt **„geteilt"**.

**43** Beispiele:

a) ▸ Bilde die Summe aus den Zahlen 365, 19 und 36.
▸ Addiere zu 365 die Zahlen 19 und 36.

b) ▸ Dividiere 366 durch 3.
▸ Bilde den Quotienten aus 366 und 3.

c) ▸ Subtrahiere 13 von 45 und addiere 7.
▸ Bilde die Differenz aus 45 und 13 und addiere 7.

d) ▸ Multipliziere 12 mit 2 und 3.
▸ Bilde das Produkt aus den Zahlen 12, 2 und 3.

**44** a) Ausgaben im **Monat**:

$$\begin{array}{rl} 12\,€ & \text{Tim} \\ +\ 17\,€ & \text{Lena} \\ +342\,€ & \text{Eva} \\ {\scriptstyle 1} & \\ \hline 371\,€ & \end{array}$$

Ausgaben im **Jahr**:

$$\begin{array}{r} \underline{371 \cdot \mathbf{12}} \\ 3710 \\ +\ \ 742 \\ {\scriptstyle 1}\ \ \ \\ \hline 4452 \end{array}$$

Die Hoflands zahlen ihren Kindern im Jahr für Taschengeld und Miete insgesamt 4 452 €.

b) Monatliche Kosten:

$$\begin{array}{rl} 480\,€ & \text{Miete} \\ +\ \ 50\,€ & \text{Bausparvertrag} \\ +170\,€ & \text{Auto/Versicherung} \\ {\scriptstyle 2}\ \ \ \ \ & \\ \hline 700\,€ & \end{array}$$

Einnahmen nach Abzug der Kosten:

$$\begin{array}{rl} \not{1}\ {}_1360\,€ & \text{Einnahmen} \\ -\ \ 700\,€ & \text{Kosten} \\ \hline 660\,€ & \end{array}$$

Nach Abzug seiner Kosten hat Herr Kurz monatlich noch 660 € zur Verfügung.

c) Tagesproduktion von **44 Kühen**:

$$\begin{array}{rl} 1276\,\ell & \text{vormittags} \\ +\ 1408\,\ell & \text{nachmittags} \\ {\scriptstyle 1}\ \ \ & \\ \hline 2684\,\ell & \end{array}$$

Tagesproduktion von **1 Kuh**:

$$\begin{array}{l} \overset{\frown}{268}4 : \mathbf{44} = 61 \\ \underline{-264} \\ \ \ \ \ \ \ 44 \\ \ \ \ \ \underline{-44} \\ \ \ \ \ \ \ \ \ 0 \end{array}$$

Eine Kuh gibt durchschnittlich 61 Liter Milch am Tag.

d) Strecke pro Tag (Hin- und Rückfahrt):

$48 \cdot \mathbf{2} = 96$ km

Gesamtkilometer:

$$\begin{array}{r} \underline{96 \cdot \mathbf{22}} \\ 1920 \\ +\ \ \ 192 \\ {\scriptstyle 1\,1}\ \ \ \\ \hline 2112 \end{array}$$

Neuer Tachostand:

$$\begin{array}{r} 32136\,\text{km} \\ +\ \ 2112\,\text{km} \\ \hline 34248\,\text{km} \end{array}$$

Der Tachometer zeigt jetzt 34 248 km an.

**45** a) $17 + 31 + 88 + 44 \approx$
$20 + 30 + 90 + 40 = 180$

b) $123 + 487 + 767 - 332 \approx$
$100 + 500 + 800 - 300 = 1\,100$

c) $17 \cdot 31 \approx$
$20 \cdot 30 = 600$

d) $123 \cdot 487 \approx$
$100 \cdot 500 = 50\,000$

e) $594 : 66 \approx$
$600 : 70$
Schwierig, also:
$600 : 60 = 10$
*oder*
$630 : 70 = 9$

f) $7\,182 : 57 \approx$
$7\,200 : 60 = 120$
Nebenrechnung:
$6\,000 : 60 = 100$
$1\,200 : 60 = 20$
$\Rightarrow \quad 100 + 20 = 120$

**46** a) $53\,788 - 3\,654 = 5\,134$
Überschlag:
$54\,000 - 4\,000 =$ **50 000**
Das Ergebnis kann nicht stimmen.
Rechnung:

$$\begin{array}{r} 53788 \\ -\ \ 3654 \\ \hline \mathbf{50134} \end{array}$$

b) $245 + 36 + 85 = 266$
Überschlag:
$250 + 40 + 90 =$ **380**
Das Ergebnis kann nicht stimmen.
Rechnung:

$$\begin{array}{r} 245 \\ +\ \ 36 \\ +\ \ 85 \\ \hline \mathbf{366} \end{array}$$

c) $207 \cdot 7 = 1\,428$
Überschlag:
$200 \cdot 7 =$ **1 400**
Das Ergebnis kann stimmen.
Rechnung:

$$\begin{array}{r} \underline{207 \cdot 7} \\ \mathbf{1449} \end{array}$$

Das Ergebnis in der Aufgabe stimmt aber trotzdem nicht.

d) 1 932 : 37 = 52 Rest 8

Überschlag:
2 000 : 40 = **50**
Das Ergebnis kann stimmen.

Rechnung:

```
 1932 : 37 = 52 Rest 8
-185
   82
  -74
    8
```

Das Ergebnis stimmt.

e) 6 493 : 43 = 1 500

Überschlag:
6 400 : 40 = **160**
Das Ergebnis kann nicht stimmen.

Rechnung:

```
 6493 : 43 = 151
-43
 219
-215
   43
  -43
    0
```

f) 88 · 1 015 = 89 320

Überschlag:
90 · 1 000 = **90 000**
Das Ergebnis kann stimmen.

Rechnung:

```
 1015 · 88
     81200
+     8120
     89320
```

Das Ergebnis stimmt.

**47** a) $3\,492 : 12 \approx$
$3\,000 : 10 = 300$ → **S** 291

b) $12\,413 + 587 + 11\,312 \approx$
$12\,400 + 600 + 11\,300 = 13\,000 + 11\,300 = 24\,300$ → **C** 24 312

c) $5\,012 - 4\,117 + 934$
$5\,000 - 4\,000 + 1\,000 = 2\,000$ → **H** 1 829

d) $9 \cdot 306 \approx$
$10 \cdot 300 = 3\,000$ → **A** 2 754

e) $11 \cdot 36 \cdot 54 \approx$
$10 \cdot 40 \cdot 50 = 20\,000$ → **T** 21 384

f) $5\,226 - 1\,116 - 2\,871 \approx$
$5\,000 - 1\,000 - 3\,000 = 1\,000$ → **Z** 1 239

Lösungswort: **SCHATZ**

**48** Hin- und Rückfahrten (Überschlagsrechnung):

| | | |
|---|---|---|
| München – Gardasee ($\approx 400$ km $\cdot$ 2) | → | 800 km |
| Gardasee – Verona ($\approx 30$ km $\cdot$ 2) | → | 60 km |
| Gardasee – Venedig ($\approx 300$ km) | → | 300 km |
| Gardasee – Parma ($\approx 200$ km $\cdot$ 2) | → | 400 km |
| Gefahrene Kilometer: | | **1 560 km** |

Eine Tankfüllung reicht für ca. 800 km, dann reichen zwei Tankfüllungen in etwa für **1 600 km**.

1 600 km > 1 560 km

Zwei Tankfüllungen reichen für die gesamte Urlaubsfahrt aus.

**49**

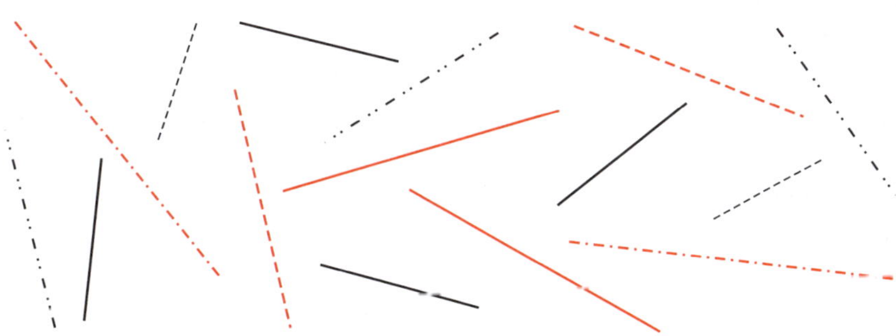

**50**

a)

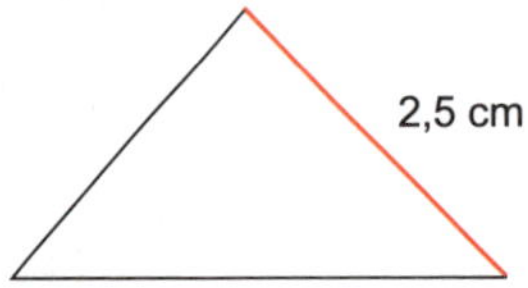


b)

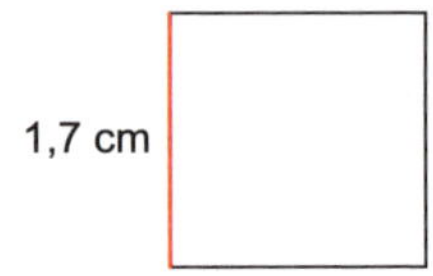


c)

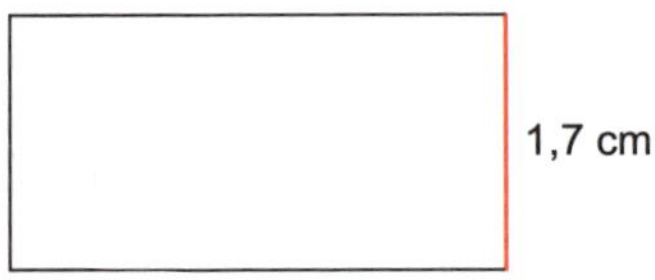


d)

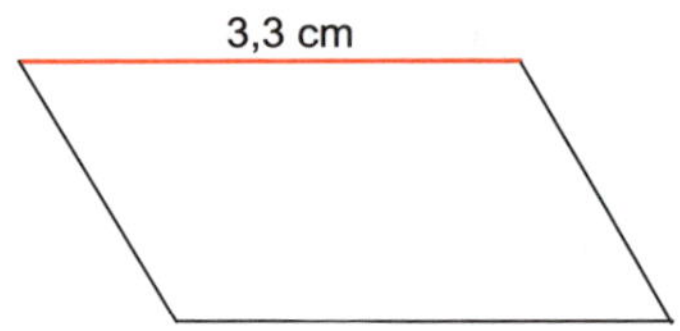


e)

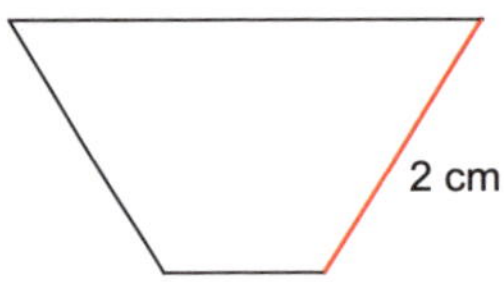


f)

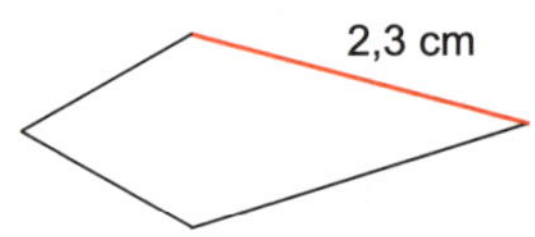


Lösungswort: **FLÄCHE**

**51**

- [x] Von Geraden kannst du immer nur einen Ausschnitt zeichnen.
- [x] Eine Halbgerade ist eine gerade Linie, die nur an einem Ende durch einen Punkt begrenzt wird.
- [ ] EF ist eine Strecke, die durch die Punkte E und F verläuft.

  EF ist eine **Gerade**, die durch die Punkte E zu Punkt F läuft.
- [x] Eine Gerade ist durch zwei Punkte eindeutig bestimmt.
- [ ] Eine Strecke hat einen Anfangspunkt, aber keinen Endpunkt.

  Eine **Halbgerade** hat einen Anfangs-, aber keinen Endpunkt.
- [ ] $\overline{PQ} = 5$ m gibt die Länge der Geraden PQ an.

  $\overline{PQ} = 5$ cm gibt die Länge der **Strecke [PQ]** an.
- [x] Eine Halbgerade wird auch Strahl genannt.

**52**

a) Strecke

b) Halbgerade

c) Gerade

d) Halbgerade

**53**

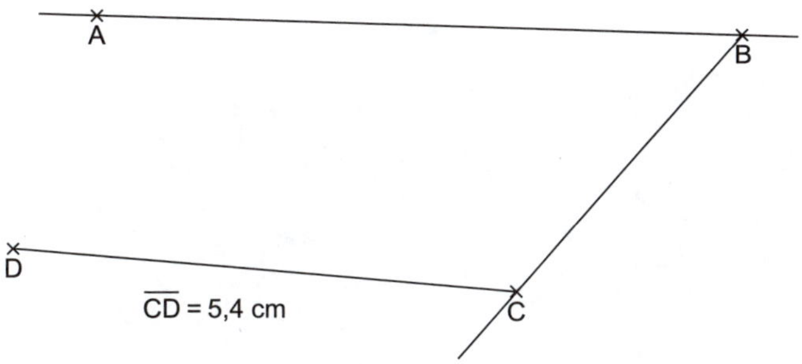


**54**

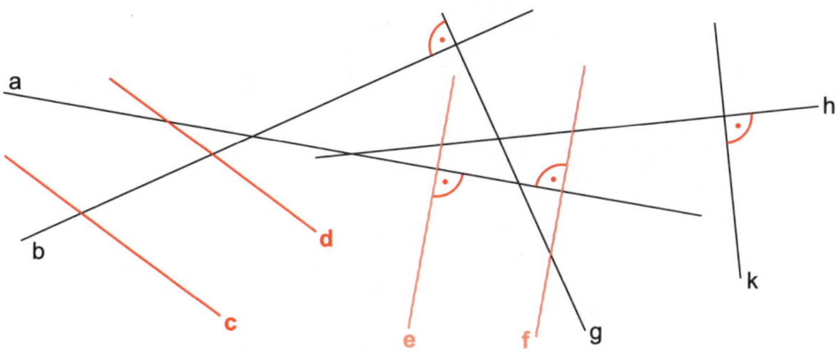


**55**

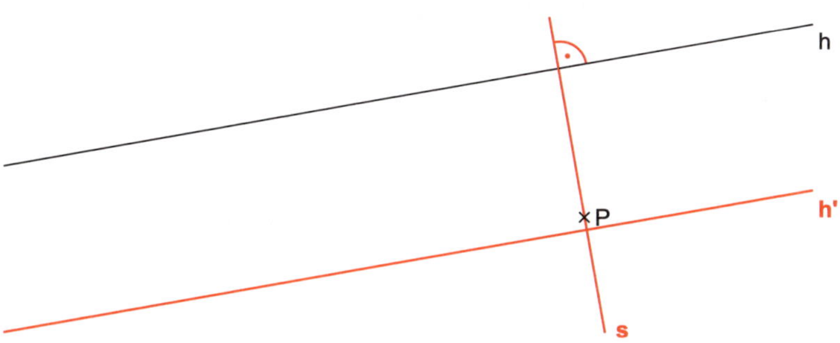


**56**

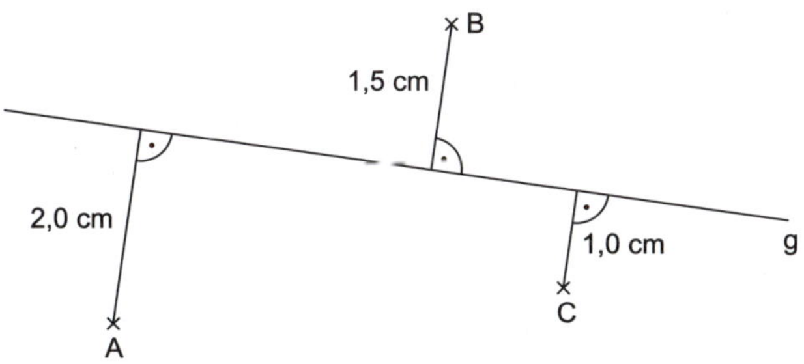

**57**

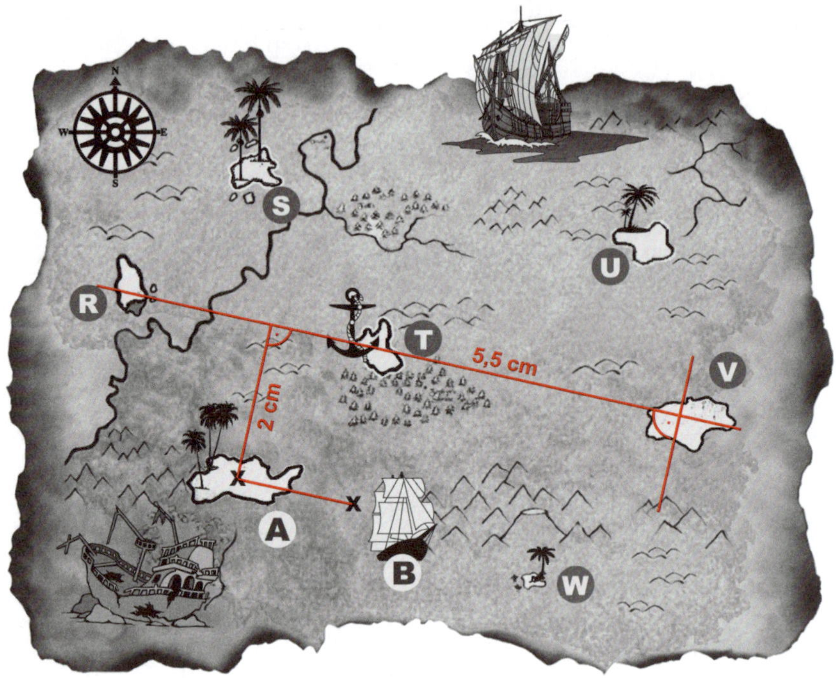


Kapitän Lerrow sollte auf der Insel V nach dem Schatz graben lassen.

**58**

| | | | |
|---|---|---|---|
| A(2 \| **1**) | B(**5** \| **1**) | C(**5** \| 2) | D(8 \| **2**) |
| E(**8** \| **4**) | F(5 \| **4**) | G(**5** \| 3) | H(2 \| **3**) |

**59**

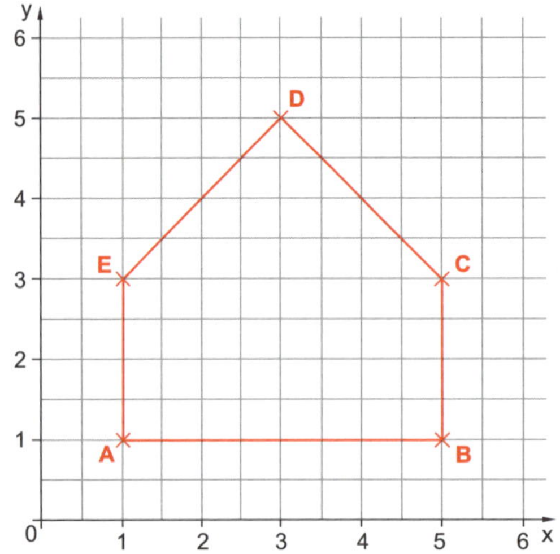


Man kann ein Haus erkennen.

**60**

- [X] Die Feuerwehr findet man im Feld (2 | 1).
- [ ] Der Bahnhof befindet sich im Feld (1 | 3).

  Der Banhof befindet sich im Feld **(3 | 1)**.
- [X] Das Seniorenzentrum liegt im Feld (3 | 1).
- [ ] Das Freibad und das Schulzentrum haben verschiedene Koordinaten.

  Beide haben die Koordinaten **(2 | 3)**.
- [X] Geht man von der Tourist-Info zur Polizei, ändert sich nur der Rechtswert der Koordinaten.
- [X] Der Sportplatz und die Post haben den gleichen Hochwert.

**61**

a) 3 : 1 heißt um das Dreifache vergrößern.
$2\text{ cm} \cdot 3 = 6\text{ cm}$

b) 1 : 2 heißt halbieren.
$3\text{ cm} : 2 = 1{,}5\text{ cm}$

**62**

a) Die Seiten im Original sind 3 cm lang, im Bild sind die Seiten 1 cm lang.
$\Rightarrow$ Es wurde im Maßstab 1 : 3 verkleinert.

b) Im Original sind die Seiten 2 cm und 1,5 cm lang, im Bild sind die Seiten 4 cm und 3 cm lang.
$\Rightarrow$ Es wurde im Maßstab 2 : 1 vergrößert.

**63** a)

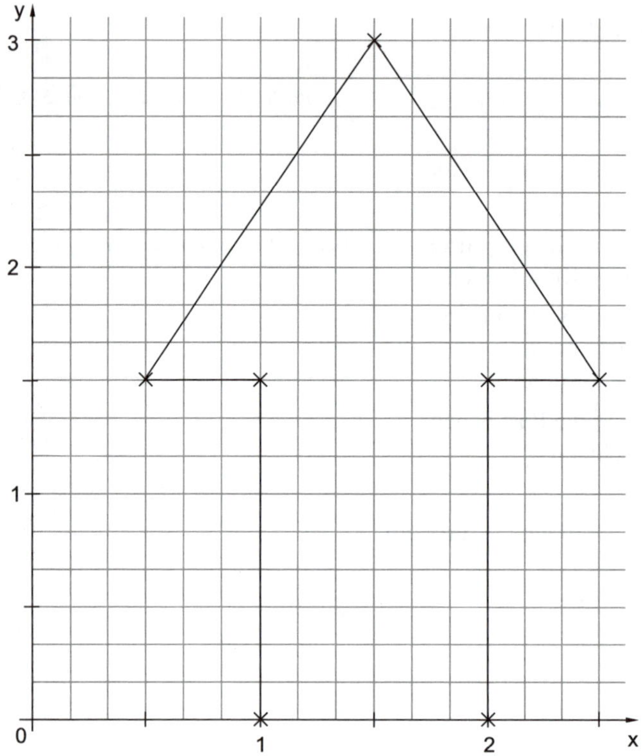


b)

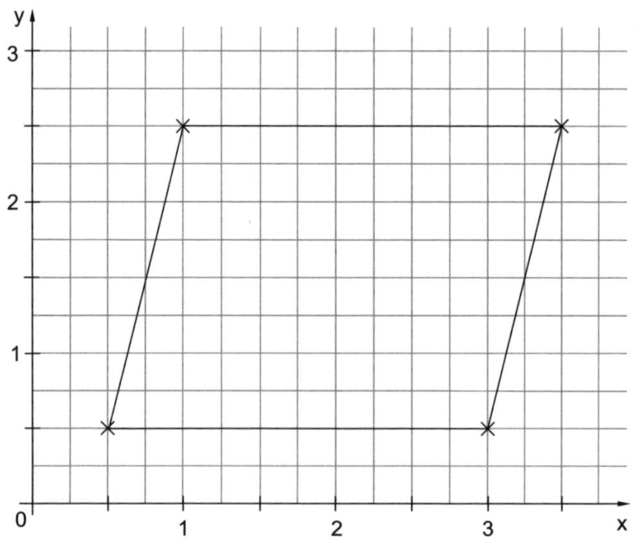

**64**

**65**

a)

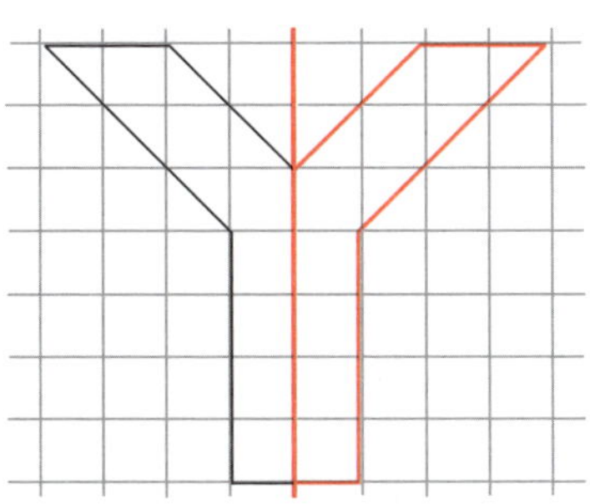

b)

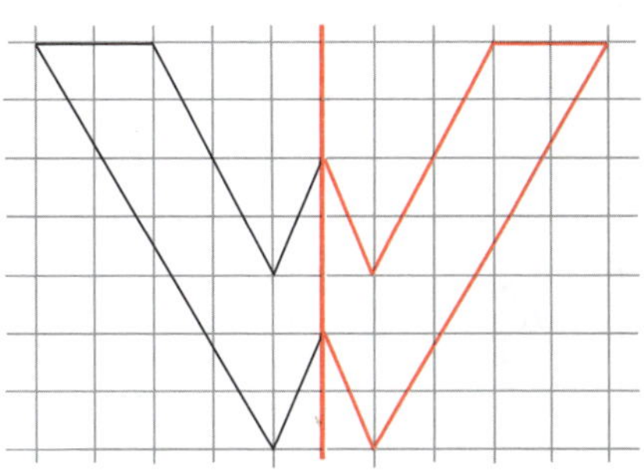

c)

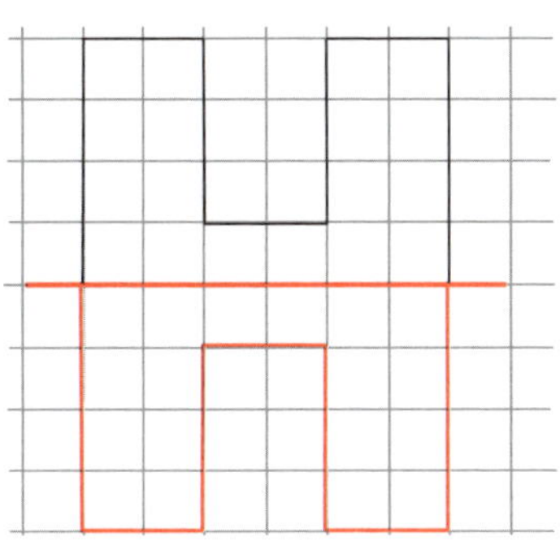

d)

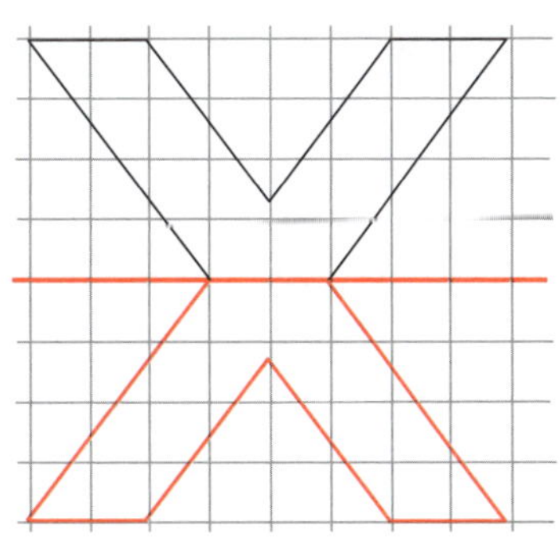

**66**

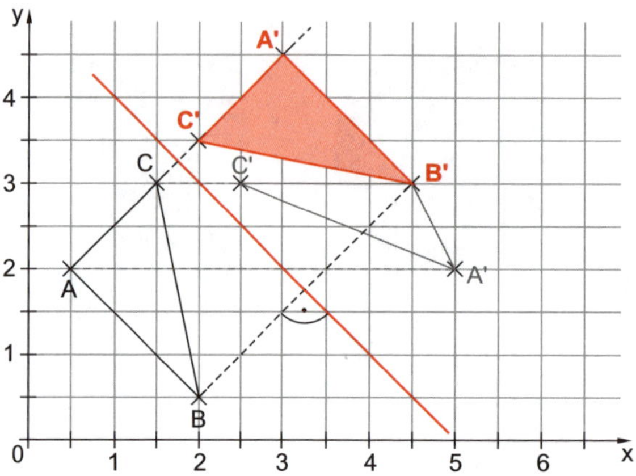


**67**

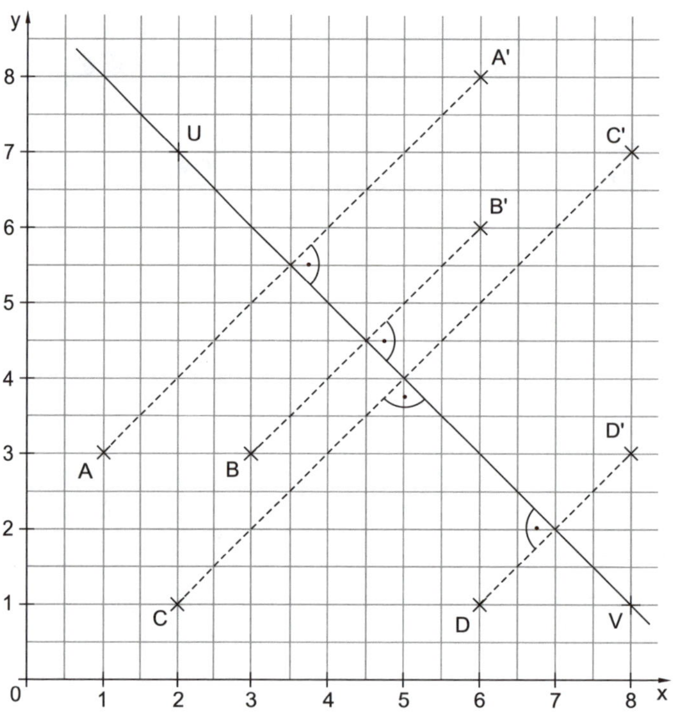


A'(6|8) B'(6|6)

C'(8|7) D'(8|3)

**68** Überprüfe, ob das Viereck vier rechte Winkel hat.
Bei vier gleich langen Seiten liegt dann ein Quadrat vor, bei je zwei gleich langen Seiten ein Rechteck.

a) Rechteck: $a = 4$ cm; $b = 2{,}5$ cm
b) Quadrat: $a = 1{,}5$ cm
c) Parallelogramm
d) Rechteck: $a = 2{,}5$ cm; $b = 1{,}5$ cm
e) Quadrat: $a = 2$ cm
f) Raute

**69** a)

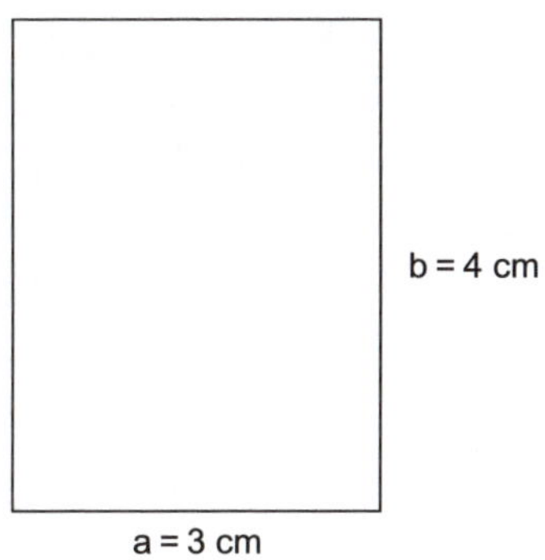


b)

c) $b = 2 \cdot a$
$b = 2 \cdot 2{,}5$ cm
$b = 5$ cm

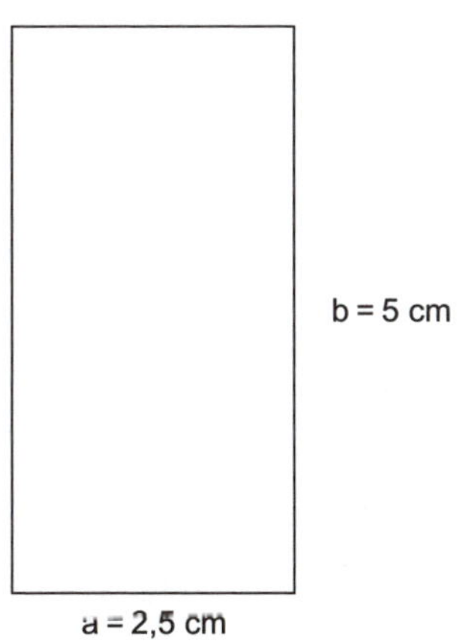

**70**

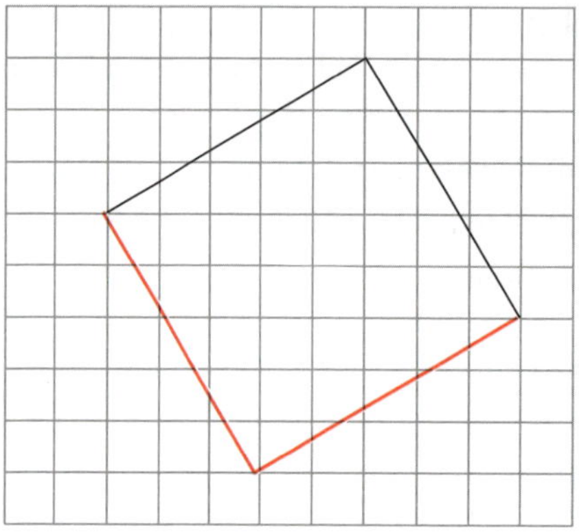

**71**

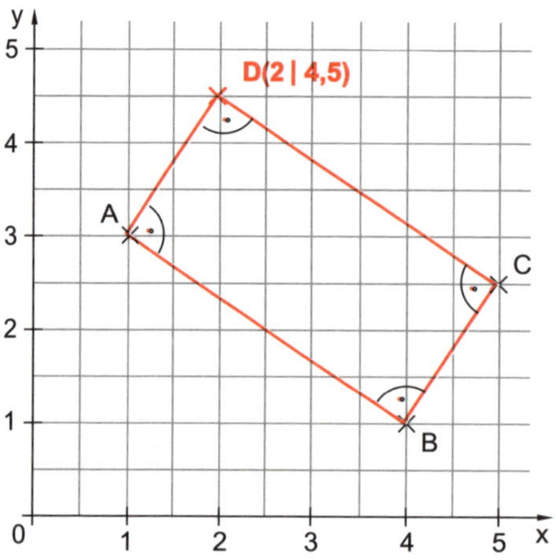


**72**

a) $a = 2\ cm$
$u_Q = a + a + a + a$
$u_Q = 2\ cm + 2\ cm + 2\ cm + 2\ cm$
$u_Q = 8\ cm$

$A_Q = a \cdot a$
$A_Q = 2\ cm \cdot 2\ cm$
$A_Q = 4\ cm^2$

b) $a = 3\ cm$
$u_Q = 4 \cdot a$
$u_Q = 4 \cdot 3\ cm$
$u_Q = 12\ cm$

$A_Q = a \cdot a$
$A_Q = 3\ cm \cdot 3\ cm$
$A_Q = 9\ cm^2$

**73** $a = 12\ cm$
$b = 12\ cm : 2$
$b = 6\ cm$

Halb so breit heißt durch 2 teilen.

$u_R = 2 \cdot a + 2 \cdot b$
$u_R = 2 \cdot 12\ cm + 2 \cdot 6\ cm$
$u_R = 24\ cm + 12\ cm$
$u_R = 36\ cm$

$A_R = a \cdot b$
$A_R = 12\ cm \cdot 6\ cm$
$A_R = 72\ cm^2$

**74** $u_Q = 4 \cdot a$
$24\ cm = 4 \cdot a$
$24\ cm = 4 \cdot \mathbf{6\ cm}$

Eine Seite ist 6 cm lang.

**75** a) $A = a \cdot b$
$A = 4\ cm \cdot 5\ cm$
$A = 20\ cm^2$

$u = 2 \cdot a + 2 \cdot b$
$u = 2 \cdot 4\ cm + 2 \cdot 5\ cm$
$u = 8\ cm + 10\ cm$
$u = 18\ cm$

b) $A = a \cdot b$
$A = 14\ m \cdot 8\ m$
$A = 112\ m^2$

$u = 2 \cdot a + 2 \cdot b$
$u = 2 \cdot 14\ m + 2 \cdot 8\ m$
$u = 28\ m + 16\ m$
$u = 44\ m$

c) $u = 2 \cdot a + 2 \cdot b$
$14\ m = 2 \cdot 3\ m + 2 \cdot b$
$14\ m = 6\ m + 2 \cdot b$
$14\ m = 6\ m + \mathbf{8\ m}$
$\Rightarrow 8\ m = 2 \cdot b$
$8\ m = 2 \cdot \mathbf{4\ m}$
$b = 4\ m$

$A = a \cdot b$
$A = 3\ m \cdot 4\ m$
$A = 12\ m^2$

d) $A = a \cdot b$
$20\ cm^2 = a \cdot 10\ cm$
$20\ cm^2 = \mathbf{2\ cm} \cdot 10\ cm$
$\Rightarrow a = \mathbf{2\ cm}$

$u = 2 \cdot a + 2 \cdot b$
$u = 2 \cdot 2\ cm + 2 \cdot 10\ cm$
$u = 4\ cm + 20\ cm$
$u = 24\ cm$

**76** a) $a = 40\ m$
$b = 20\ m$

$u_R = a + b + a + b$ $A_R = a \cdot b$
$u_R = 40\ m + 20\ m + 40\ m + 20\ m$ $A_R = 40\ m \cdot 20\ m$
$u_R = 120\ m$ $A_R = 800\ m^2$

Ein Handballfeld hat einen Umfang von 120 m und einen Flächeninhalt von 800 $m^2$.

b) $a = 28\ m$
$b = 15\ m$

$u_R = 2 \cdot a + 2 \cdot b$
$u_R = 2 \cdot 28\ m + 2 \cdot 15\ m$ $A_R = a \cdot b$
$u_R = 56\ m + 30\ m$ $A_R = 28\ m \cdot 15\ m$
$u_R = 86\ m$ $A_R = 420\ m^2$

Ein Basektballfeld hat einen Umfang von 86 m und einen Flächeninhalt von 420 $m^2$.

**77** a) Berechne zuerst den Umfang des Grundstücks. Ziehe davon dann die Länge der Einfahrt ab.
$a = 12\ m$
$b = 8\ m$

$u_R = a + b + a + b$
$u_R = 12\ m + 8\ m + 12\ m + 8\ m$
$u_R = 40\ m$

$40\ m - 3\ m = 37\ m$

Familie Huber benötigt 37 m Zaun.

b)
$$\begin{array}{r} 37 \cdot 28 \\ \hline 740 \\ +\ \ 296 \\ {\scriptstyle 1} \\ \hline 1036 \end{array}$$

Familie Huber muss 1 036 € bezahlen.

**78** a) Bad

| | | | | | |
|---|---|---|---|---|---|
| 1 | 2 | 3 | 4 | 1 | 2 |
| 5 | 6 | 7 | 3 | 4 | 5 |
| 8 | 9 | 6 | 7 | 8 | 9 |
| 10 | 11 | 12 | 13 | 14 | 15 |

15 Platten sind bereits verlegt,
9 Platten fehlen noch.

b) Flur

| | | | | | |
|---|---|---|---|---|---|
| 1 | 2 | 3 | | | |
| 4 | 1 | 2 | | | |
| 5 | 3 | 4 | 5 | 6 | 7 |
| 6 | 7 | 8 | 9 | 10 | 11 |

11 Platten sind bereits verlegt,
7 Platten fehlen noch.

**79** $a_1 = 4\text{ m}$
$b_1 = 4\text{ m}$

$A_1 = a_1 \cdot b_1$
$A_1 = 4\text{ m} \cdot 4\text{ m}$
$A_1 = 16\text{ m}^2$

$a_2 = 5\text{ m}$
$b_2 = 3\text{ m}$

$A_2 = a_2 \cdot b_2$
$A_2 = 5\text{ m} \cdot 3\text{ m}$
$A_2 = 15\text{ m}^2$

$16\text{ m}^2 > 15\text{ m}^2$

Familie Huber muss sich für das zweite Zimmer entscheiden.

**80** Berechne zuerst die fehlenden Größen und addiere dann die Längen aller Seiten.

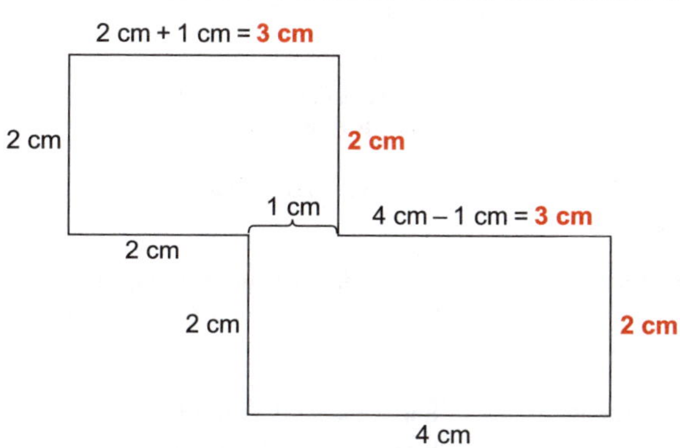


$u = 2\text{ cm} + 3\text{ cm} + 2\text{ cm} + 3\text{ cm} + 2\text{ cm} + 4\text{ cm} + 2\text{ cm} + 2\text{ cm}$
$u = 5 \cdot 2\text{ cm} + 4\text{ cm} + 2 \cdot 3\text{ cm}$
$u = 10\text{ cm} + 4\text{ cm} + 6\text{ cm}$
$u = 20\text{ cm}$

**81** Bei zusammengesetzten Flächen musst du die Einzelflächen berechnen.

$A_{Q_1} = 3\text{ cm} \cdot 3\text{ cm}$
$A_{Q_1} = 9\text{ cm}^2$

$A_{Q_2} = 1\text{ cm} \cdot 1\text{ cm}$
$A_{Q_2} = 1\text{ cm}^2$

$A = A_{Q_1} + A_{Q_2}$
$A = 9\text{ cm}^2 + 1\text{ cm}^2$
$A = 10\text{ cm}^2$

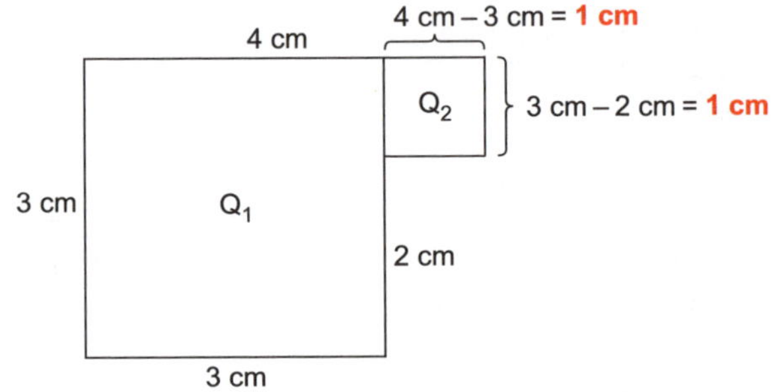


Du kannst auch zuerst die Fläche des großen Rechtecks berechnen und davon die Fläche des kleinen Rechtecks abziehen.

$A_{R_1} = 3\text{ cm} \cdot 4\text{ cm}$
$A_{R_1} = 12\text{ cm}^2$

$A_{R_2} = 2\text{ cm} \cdot 1\text{ cm}$
$A_{R_2} = 2\text{ cm}^2$

$A = A_{R_1} - A_{R_2}$
$A = 12\text{ cm}^2 - 2\text{ cm}^2$
$A = 10\text{ cm}^2$

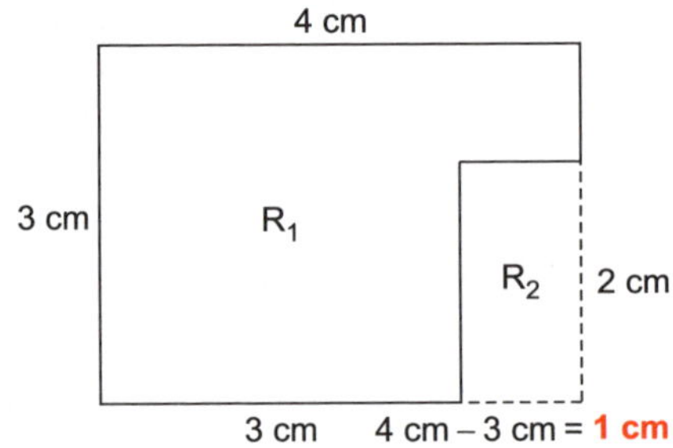


**82**

- [ ] Ein Quader besitzt sechs gleich große Flächen. — Ein Quader besitzt sechs Flächen, von denen **je zwei** gleich groß sind.
- [ ] Ein Würfel besitzt zwölf Ecken. — Ein Würfel besitzt **acht** Ecken.
- [x] Ein Quader besitzt zwölf Kanten.
- [ ] Eine Pyramide hat immer einen Kreis als Grundfläche. — Pyramiden haben **unterschiedliche** Grundflächen, aber niemals einen Kreis.
- [x] Ein Kegel hat eine Spitze.
- [ ] Ein Zylinder hat eine quadratische Grundfläche. — Ein Zylinder hat einen **Kreis** als Grundfläche.
- [ ] Ein Zylinder hat vier Kanten. — Ein Zylinder hat **zwei** Kanten.
- [x] Eine Kugel hat keine Kanten.
- [ ] Alle Flächen eines Dreiecksprismas sind Dreiecke. — Nur **zwei** Flächen eines Dreiecksprismas sind Dreiecke.

**83** a) Quader: 6 Flächen, 8 Ecken, 12 Kanten

b) Dreiecksprisma: 5 Flächen, 6 Ecken, 9 Kanten

**84**

| | | | | | |
|---|---|---|---|---|---|
| **A** | Kegel | **B** | Kugel | **C** | Würfel |
| **D** | Würfel | **E** | (Dreiecks-) Prisma | **F** | Zylinder |
| **G** | Quader | **H** | Kegel | **I** | Kugel |
| **J** | Zylinder | **K** | Quader | **L** | Pyramide |

**85**

a) Kugel
b) Würfel
c) Kegel
d) Zylinder

**86**

a) Es gibt viele Möglichkeiten, das Netz zu vervollständigen.

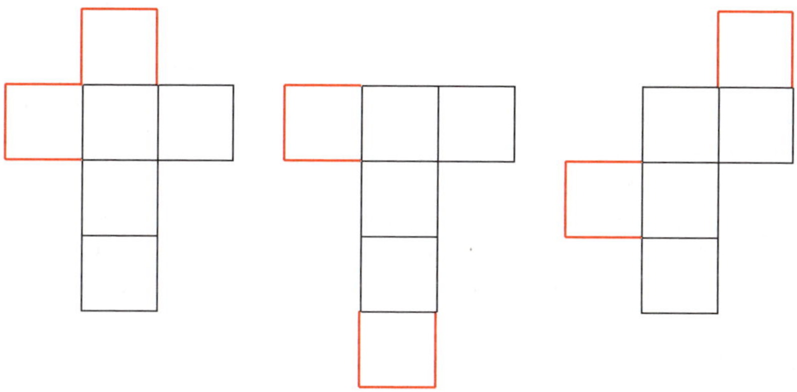

b) Es gibt mehrere Möglichkeiten. Hier siehst du eine davon:

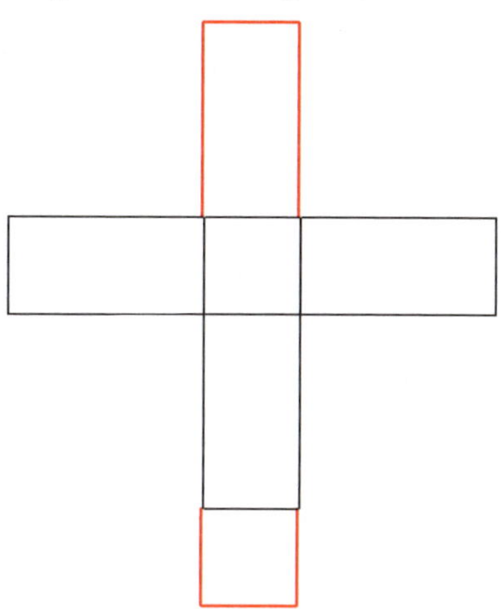

**87** a)

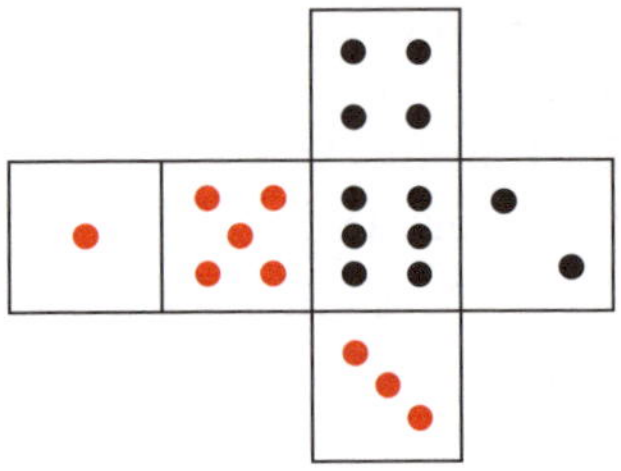

b)

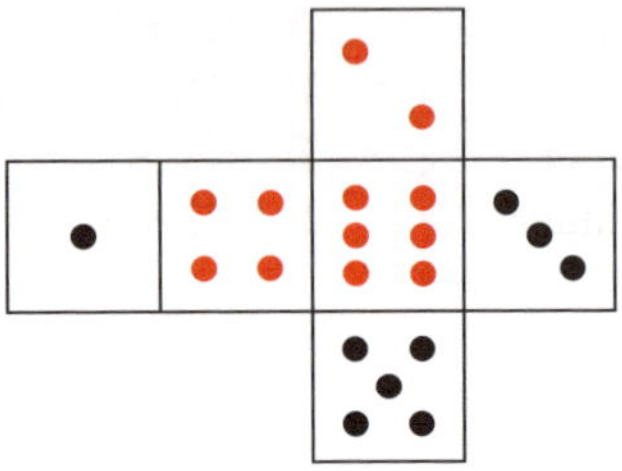

**88** a) ja

b) nein

c) nein

d) ja

**89** a) Nach links: Ecke A
Nach oben: Ecke D
Nach hinten: Ecke H
Nach rechts: Ecke **G**

b) Es gibt viele Möglichkeiten, hier sind zwei davon angegeben:
1. Nach hinten (Ecke F), nach links (Ecke E), nach oben (Ecke H)
2. Nach hinten (Ecke F), nach oben (Ecke G), nach links (Ecke H)

**90** a)

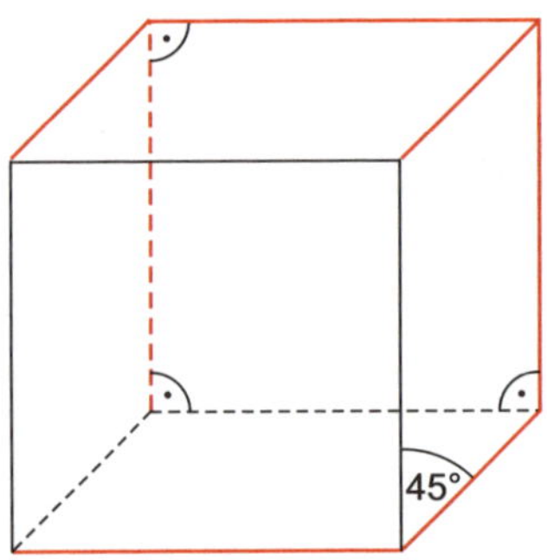


b)

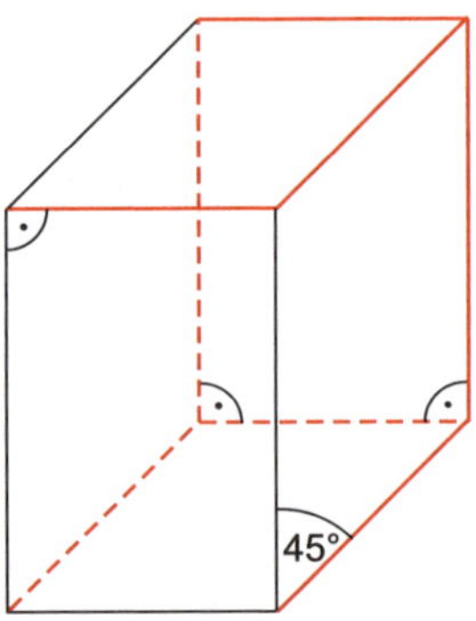


**91** a) Kegel

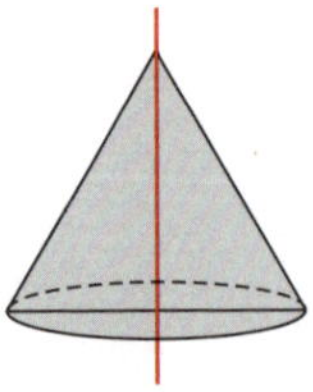

b) Kugel

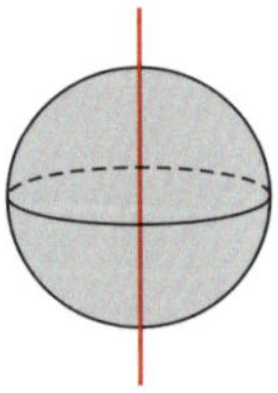

**92** a) Neun Würfel müssen eine weiße Fläche haben, da eine Seite des Würfels aus neun Quadraten besteht.

b) Es sind drei Reihen zu je neun kleinen Würfeln:
$3 \cdot 9 = 27$
Insgesamt besteht der Zauberwürfel aus 27 kleinen Würfeln.

**93** a) $(3+4) \cdot 7 =$
$7 \cdot 7 = 49$

b) $3 \cdot (4+7) =$
$3 \cdot 11 = 33$

c) $(13+7) \cdot 5 =$
$20 \cdot 5 = 100$

d) $6 \cdot (19-9) =$
$6 \cdot 10 = 60$

e) $(93-63) : 3 =$
$30 : 3 = 10$

f) $25 : (47-42) =$
$25 : 5 = 5$

g) $5 \cdot (2+6) \cdot 4 =$
$5 \cdot 8 \cdot 4 = 160$

h) $99 : (16-5) : 3 =$
$99 : 11 : 3 = 3$

**94** a) $2 + 6 \cdot 7 =$
$2 + 42 = 44$

b) $2 \cdot 6 + 8 =$
$12 + 8 = 20$

c) $19 - 4 \cdot 4 =$
$19 - 16 = 3$

d) $4 \cdot 4 - 13 =$
$16 - 13 = 3$

e) $37 + 9 : 3 =$
$37 + 3 = 40$

f) $20 : 4 - 4 =$
$5 - 4 = 1$

g) $45 : 5 + 11 =$
$9 + 11 = 20$

h) $101 - 84 : 4 =$
$101 - 21 = 80$

**95** a) $18 + 3 \cdot 6 =$
$18 + 18 = 36$

Das Ergebnis stimmt.
Beachte die Regel „Punkt vor Strich“.

b) $6 \cdot (7-3) + 6 =$
$6 \cdot 4 + 6 =$
$24 + 6 = 30$

Setze Klammern, damit das Ergebnis stimmt.

c) $4 \cdot 7 - 48 : 3 =$
$28 - 16 = 12$

Das Ergebnis stimmt.
Beachte die Regel „Punkt vor Strich“.

d) $(10+25) : 5 - 4 =$
$35 : 5 - 4 =$
$7 - 4 = 3$

Setze Klammern, damit das Ergebnis stimmt.

**96**

a) $81:(9+18) =$
$81: \quad 27 \quad = 3$

b) $3 \cdot 15 + 5 =$
$45 \quad + 5 = 50$

c) $52 - 7 \cdot (2+2) =$
$52 - \quad 7 \cdot 4 \quad =$
$52 - \quad 28 \quad = 24$

d) $(120+60) : (12 \cdot 5) =$
$180 \quad : \quad 60 \quad = 3$

**97**

a) $2+3 + 8+7 =$
$(2+8) + (3+7) =$
$10 \quad + \quad 10 \quad = 20$

b) $14+11 + 29+36 =$
$(14+36) + (11+29) =$
$50 \quad + \quad 40 \quad = 90$

c) $2 \cdot 12 \cdot 8 \cdot 5 =$
$2 \cdot 5 \cdot 12 \cdot 8 =$
$10 \cdot 12 \cdot 8 =$
$120 \cdot 8 = 960$

d) $25 \cdot 11 \cdot 4 \cdot 8 =$
$(25 \cdot 4) \cdot (11 \cdot 8) =$
$100 \cdot 88 = 8\,800$

e) $48+29 + 23+52 =$
$48+52 + 29+23 =$
$100 + 29+23 =$
$129 + 23 = 152$

f) $114+85 + 86+115 =$
$(114+86) + (85+115) =$
$200 + 200 = 400$

g) $50 \cdot 5 \cdot 2 \cdot 4 =$
$(50 \cdot 2) \cdot (5 \cdot 4) =$
$100 \cdot 20 = 2\,000$

h) $40 \cdot 6 \cdot 3 \cdot 5 =$
$40 \cdot 5 \cdot 6 \cdot 3 =$
$200 \cdot 6 \cdot 3 =$
$1\,200 \cdot 3 = 3\,600$

**98**

a) $9 + (7+3) =$
$9 + \quad 10 \quad = 19$

b) $14 + (4+16) =$
$14 + \quad 20 \quad = 34$

c) $13 + (38+42) =$
$13 + \quad 80 \quad = 93$

d) $8 \cdot (5 \cdot 4) =$
$8 \cdot \quad 20 \quad = 160$

e) $(12 \cdot 5) \cdot 6 =$
$60 \cdot 6 = 360$

f) $26 \cdot (2 \cdot 50) =$
$26 \cdot \quad 100 \quad = 2\,600$

g) $568 + (233+117) =$
$568 + \quad 350 \quad = 918$

h) $213 + (26+114) + 160 =$
$213 + (140 + 160) =$
$213 + \quad 300 \quad = 513$

**99**

a)
$19 + 22 \cdot 3 + 21 =$
$19 + 66 + 21 =$
$19 + 21 + 66 =$
$40 + 66 = 106$

b)
$38 - 8 : 4 + 2 \cdot 5 =$
$38 - 2 + 10 =$
$36 + 10 = 46$

c)
$4 \cdot (19 - 8) \cdot 25 =$
$4 \cdot 11 \cdot 25 =$
$4 \cdot 25 \cdot 11 =$
$100 \cdot 11 = 1100$

d)
$104 - 44 : 4 - 11 =$
$104 - 11 - 11 =$
$93 - 11 = 82$

e)
$99 + (87 - 46) + 7 \cdot 3 =$
$99 + 41 + 21 =$
$140 + 21 = 161$

f)
$26 + (45 - 3 \cdot 9) =$
$26 + (45 - 27) =$
$26 + 18 = 44$

g)
$85 : (27 - 22) + 5 =$
$85 : 5 + 5 =$
$17 + 5 = 23$

h)
$43 + 13 \cdot 2 + 17 + 12 : 3 =$
$43 + 26 + 17 + 4 =$
$(43 + 17) + (26 + 4) =$
$60 + 30 = 90$

**100**

a)
$36 : 6 + 12 =$
$6 + 12 = 18$

„Teile 36 durch 6" → $36 : 6$
„addiere 12" → $+12$

b)
$15 \cdot 5 + 28 =$
$75 + 28 = 103$

„Produkt aus 15 und 5" → $15 \cdot 5$
„Vermehre … um 28" → $+28$

c)
$17 + 3 - 20 + 99 =$
$20 - 20 + 99 =$
$0 + 99 = 99$

„Summe aus 17 und 3" → $17 + 3$
„Subtrahiere … 20" → $-20$
„addiere 99" → $+99$

d)
$(47 - 35) \cdot 4 =$
$12 \cdot 4 = 48$

„Vervierfache" → $\cdot 4$
„Differenz aus 47 und 35" → $47 - 35$

e)
$54 : 6 + 41 =$
$9 + 41 = 50$

„Addiere 41" → $+41$
„Quotienten aus 54 und 6" → $54 : 6$

f)
$(39 - 9) \cdot (17 + 13) =$
$30 \cdot 30 = 900$

„Differenz aus 39 und 9" → $39 - 9$
„Summe aus 17 und 13" → $17 + 13$
„Multipliziere" → $\cdot$

**101** a) $x \cdot 5$ b) $x - 10$

c) $3 \cdot x + 12$ d) $8 \cdot x \cdot 8$

e) $48 : 16 - x$ f) $(x + 4) : 2$

**102**

| x | 3 | 7 | 12 |
|---|---|---|---|
| $x - 3$ | 0 | 4 | 9 |
| $4 \cdot x + 1$ | 13 | 29 | 49 |
| $2 \cdot (x + 1)$ | 8 | 16 | 26 |
| $46 - 3 \cdot x$ | 37 | 25 | 10 |

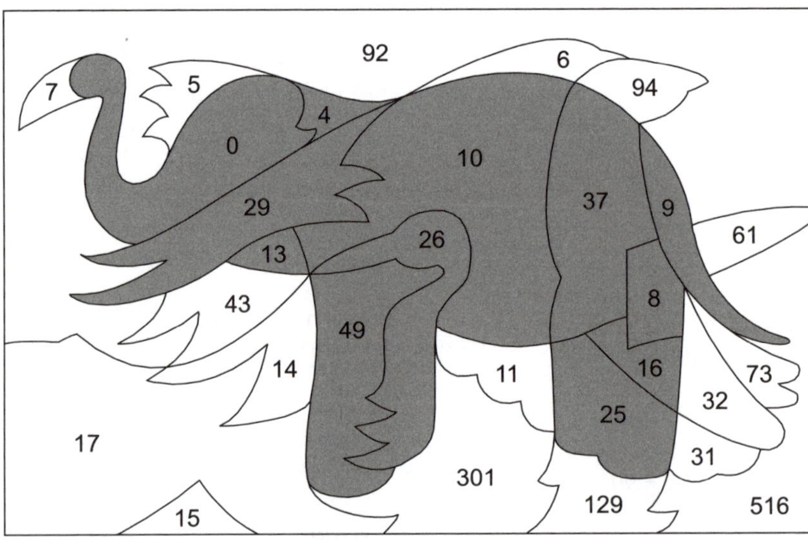


**103**

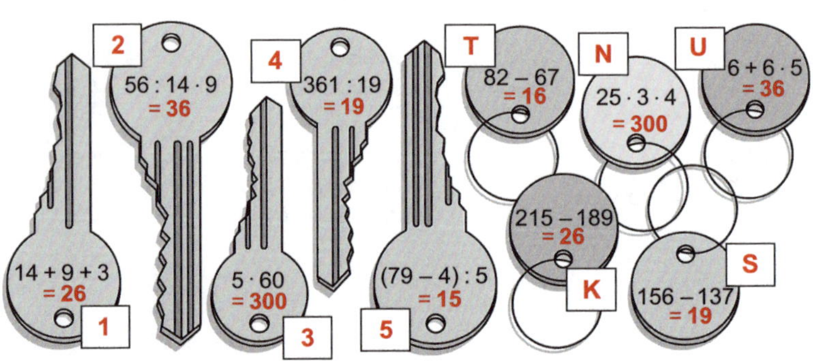


Lösungswort: **KUNST**

**104**

a) $46+23=98-29$
$69 = 69$

b) $4\cdot 18 \neq 82-20$
$72 \neq 62$

c) $3\cdot(19-16)=27:3$
$3\cdot 3 = 9$
$9 = 9$

d) $9+4\cdot 6=3\cdot 11$
$9+24=33$
$33=33$

e) $12\cdot 8-54:3=780:10$
$96-18=78$
$78=78$

f) $64:8\cdot 4 \neq 74:(24+13)$
$8\cdot 4 \neq 74:37$
$32 \neq 2$

**105**

a) $x+4=13$
$\mathbf{9}+4=13$
$\Rightarrow x=9$

b) $x+x+x=24$
$\mathbf{8}+\mathbf{8}+\mathbf{8}=24$
$\Rightarrow x=8$

c) $x+x=4+10$
$x+x=14$
$\mathbf{7}+\mathbf{7}=14$
$\Rightarrow x=7$

d) $x+9+x=21$
$\mathbf{6}+9+\mathbf{6}=21$
$\Rightarrow x=6$

**106**

a) $4\cdot x=36$
$4\cdot\mathbf{9}=36$
$\Rightarrow x=9$ **B**

b) $x+26=34$
$\mathbf{8}+26=34$
$\Rightarrow x=8$ **A**

c) $42-x=39$
$42-\mathbf{3}=39$
$\Rightarrow x=3$ **L**

d) $(x-5)\cdot 15=30$
$\mathbf{2}\cdot 15=30$
Das Ergebnis der Klammer muss 2 sein.
$x-5=2$
$\mathbf{7}-5=2$
$\Rightarrow x=7$ **L**

e) $7\cdot x-10=32$
$\mathbf{42}-10=32$
Das Produkt muss 42 ergeben.
$7\cdot x=42$
$7\cdot\mathbf{6}=42$
$\Rightarrow x=6$ **O**

f) $5\cdot x+6=31$
$\mathbf{25}+6=31$
Das Produkt muss 25 ergeben.
$5\cdot x=25$
$5\cdot\mathbf{5}=25$
$\Rightarrow x=5$ **N**

Lösungswort: **BALLON**

**107**

a) $x + 18 = 42$
$x = 42 - 18$
$x = 24$

*Probe:*
$\mathbf{24} + 18 = 42$
$42 = 42$ (wahr)

b) $9 \cdot y = 81$
$y = 81 : 9$
$y = 9$

*Probe:*
$9 \cdot \mathbf{9} = 81$
$81 = 81$ (wahr)

c) $144 + z = 411$
$z = 411 - 144$
$z = 267$

*Probe:*
$144 + \mathbf{267} = 411$
$411 = 411$ (wahr)

d) $a \cdot 13 = 143$
$a = 143 : 13$
$a = 11$

*Probe:*
$\mathbf{11} \cdot 13 = 143$
$143 = 143$ (wahr)

e) $2 \cdot b + 6 = 14$
$2 \cdot b = 14 - 6$
$2 \cdot b = 8$
$b = 8 : 2$
$b = 4$

*Probe:*
$2 \cdot \mathbf{4} + 6 = 14$
$8 + 6 = 14$
$14 = 14$ (wahr)

f) $5 \cdot c - 4 = 21$
$5 \cdot c = 21 + 4$
$5 \cdot c = 25$
$c = 25 : 5$
$c = 5$

*Probe:*
$5 \cdot \mathbf{5} - 4 = 21$
$25 - 4 = 21$
$21 = 21$ (wahr)

g) $3 \cdot x + 5 = 32$
$3 \cdot x = 32 - 5$
$3 \cdot x = 27$
$x = 27 : 3$
$x = 9$

*Probe:*
$3 \cdot \mathbf{9} + 5 = 32$
$27 + 5 = 32$
$32 = 32$ (wahr)

h) $4 \cdot y - 9 = 43$
$4 \cdot y = 43 + 9$
$4 \cdot y = 52$
$y = 52 : 4$
$y = 13$

*Probe:*
$4 \cdot \mathbf{12} - 9 = 43$
$52 - 9 = 43$
$43 = 43$ (wahr)

**108**

a) $2 \cdot x + 5 = 50 - 21$
$2 \cdot x + 5 = 29$
$2 \cdot x = 29 - 5$
$2 \cdot x = 24$
$x = 24 : 2$
$x = 12$

b) $4 \cdot x - 15 = 81 : 9$
$4 \cdot x - 15 = 9$
$4 \cdot x = 9 + 15$
$4 \cdot x = 24$
$x = 24 : 4$
$x = 6$

c)
$$\begin{aligned}7+5\cdot x&=8+10\cdot 5-6\\7+5\cdot x&=8+50-6\\7+5\cdot x&=58-6\\7+5\cdot x&=52\\5\cdot x&=52-7\\5\cdot x&=45\\x&=45:5\\x&=9\end{aligned}$$

d)
$$\begin{aligned}x-175:5+3&=122\\x-35+3&=122\\x+3&=122+35\\x+3&=157\\x&=157-3\\x&=154\end{aligned}$$

**109** a)
$$\begin{aligned}x\cdot 9+14&=68\\x\cdot 9&=68-14\\x\cdot 9&=54\\x&=54:9\\x&=6\end{aligned}$$

Linke Seite:
„eine Zahl“ → $x$
„multipliziere sie mit 9“ → $\cdot 9$
„addiere dann 14“ → $+14$
Rechte Seite:
„erhältst du 68“ → $68$

b)
$$\begin{aligned}(3+9)+17&=x-11\\12+17&=x-11\\29&=x-11\\29+11&=x\\40&=x\end{aligned}$$

Linke Seite:
„Summe aus 3 und 9“ → $(3+9)$
„addiere 17“ → $+17$
Rechte Seite:
„Differenz aus einer gedachten Zahl und 11“ → $x-11$

c)
$$\begin{aligned}x\cdot(42:7)&=9\cdot 4\\x\cdot 6&=9\cdot 4\\x\cdot 6&=36\\x&=36:6\\x&=6\end{aligned}$$

Linke Seite:
„Quotienten aus 42 und 7“ → $(42:7)$
„eine Zahl … multiplizierst“ → $x\cdot$
Rechte Seite:
„Produkt aus 9 und 4“ → $9\cdot 4$

d)
$$\begin{aligned}x-(111+119)&=(88-78)\cdot 21\\x-230&=10\cdot 21\\x-230&=210\\x&=210+230\\x&=440\end{aligned}$$

Linke Seite:
„Summe aus 111 und 119“ → $(111+119)$
„von einer Zahl … subtrahierst“ → $x-$
Rechte Seite:
„Differenz aus 88 und 78“ → $(88-78)$
„mit 21 multiplizierst“ → $\cdot 21$

**110** a) $\frac{1}{6}$

b) $\frac{3}{4}$

c) $\frac{2}{5}$

d) $1\frac{5}{8}$ *oder* $\frac{13}{8}$

e) $\frac{6}{9}$

f) $2\frac{1}{3}$ *oder* $\frac{7}{3}$

**111** Wichtig ist nicht, welche Flächen markiert sind, sondern dass die Anzahl der gefärbten Flächen stimmt.

a)
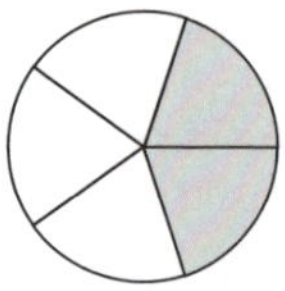

b)
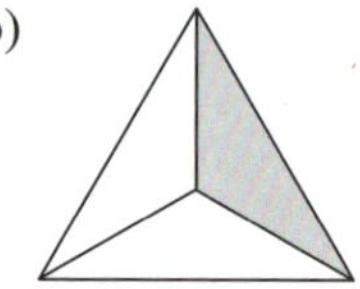

c)
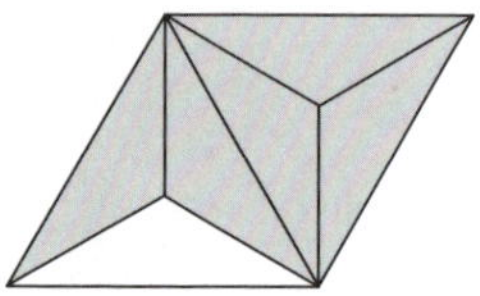

d)
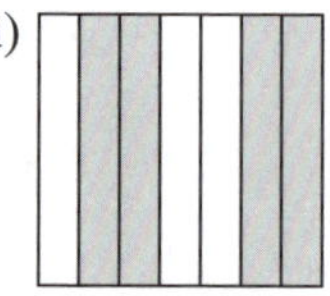

e)
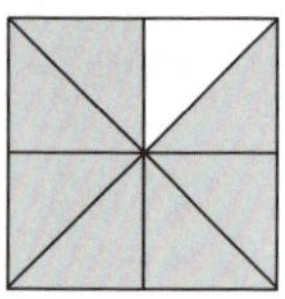

f)
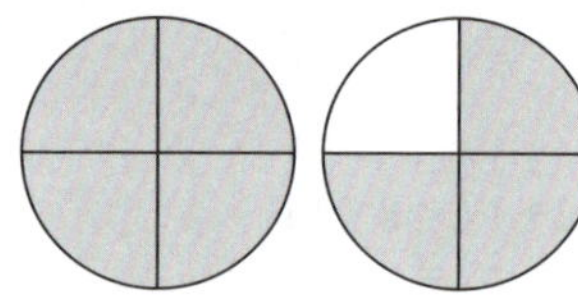

**112** $\frac{1}{6}$ $2\frac{1}{2}$ $\frac{1}{3}$ $\frac{3}{7}$ $\frac{3}{5}$

**B R U C H**

**113** a) 20 kg : 2 = 10 kg
10 kg · 1 = **10 kg**

b) 18 m : 3 = 6 m
6 m · 2 = **12 m**

c) 210 ℓ : 7 = 30 ℓ
30 ℓ · 5 = **150 ℓ**

d) 72 g : 6 = 12 g
12 g · 4 = **48 g**

e) Drei Viertel: $\frac{3}{4}$
120 € : 4 = 30 €
30 € · 3 = **90 €**

f) Zwei Fünftel: $\frac{2}{5}$
5 h : 5 = 1 h
1 h · 2 = **2 h**

**114** Du musst folgenden Bruchteil berechnen: $\frac{1}{7}$ **von** 28 Eiern.
28 : 7 = 4
4 · 1 = 4
In 28 Überraschungseiern müssten 4 Sammelfiguren sein.

**115** a) Alle Puzzleteile zusammen sind das Ganze, also 1.

1 kann man schreiben als $\frac{6}{6}$.

Nun kannst du dir die Lösung anhand eines Bildes überlegen:

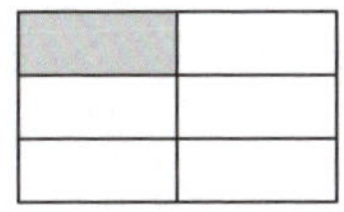

$\frac{5}{6}$ hast du bereits verbaut, also fehlt dir zum Ganzen noch $\frac{1}{6}$.

b) $\frac{5}{6}$ entspricht 20 Puzzleteilen. $\frac{1}{6}$ entspricht dann 4 Puzzleteilen.

$20 + 4 = 24$

Das Puzzle hat insgesamt 24 Teile.

**116** a) Du musst folgenden Bruchteil berechnen: $\frac{2}{3}$ **von** 9 m.

$9\text{ m} : 3 = 3\text{ m}$
$3\text{ m} \cdot 2 = 6\text{ m}$

Lars benötigt 6 Meter Geschenkband.

b) Die gesamten 9 Meter sind das Ganze, also 1.

1 kann man schreiben als $\frac{3}{3}$.

Nun kannst du dir wieder mithilfe eines Bildes die Lösung überlegen.

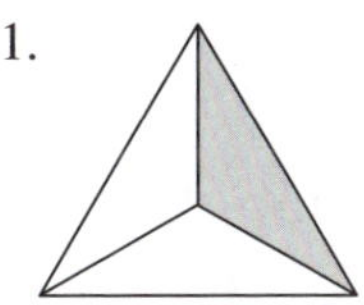

$\frac{2}{3}$ sind bereits verbraucht, also ist noch $\frac{1}{3}$ des Geschenkbandes übrig.

**117** a) $\frac{4}{5} < \frac{7}{5}$ b) $\frac{7}{9} > \frac{7}{10}$

c) $\frac{6}{9} < \frac{6}{7}$ d) $\frac{5}{8} < \frac{9}{8}$

**118** a) $\frac{1}{6} < \frac{3}{6} < \frac{5}{6}$ b) $\frac{1}{7} < \frac{1}{5} < \frac{1}{4} < \frac{1}{2}$

c) $\frac{2}{7} < \frac{3}{7} < \frac{4}{7} < \frac{6}{7}$ d) $\frac{8}{1000} < \frac{8}{100} < \frac{8}{10} < \frac{8}{1}$

**119** a)

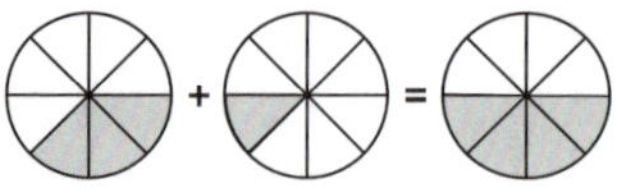

$$\frac{3}{8} + \frac{1}{8} = \frac{4}{8}$$

b)

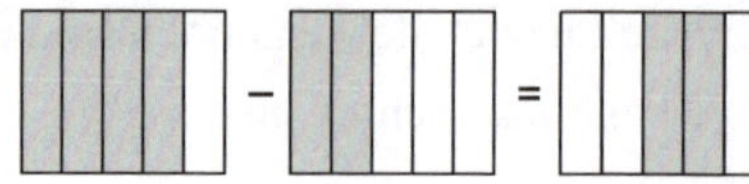

$$\frac{4}{5} - \frac{2}{5} = \frac{2}{5}$$

c)

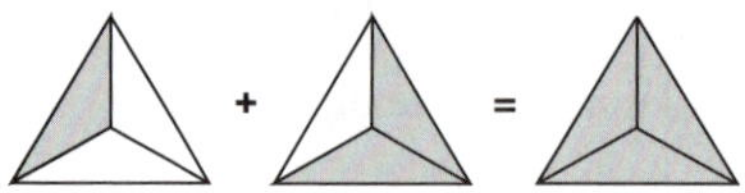

$$\frac{1}{3} + \frac{2}{3} = \frac{3}{3}$$

d)

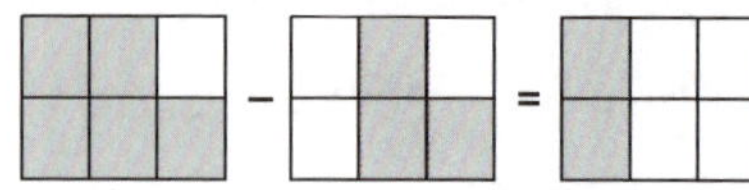

$$\frac{5}{6} - \frac{3}{6} = \frac{2}{6}$$

**120** a) $\frac{3}{8}+\frac{2}{8}=\frac{5}{8}$

b) $\frac{7}{10}-\frac{3}{10}=\frac{4}{10}$

c) $\frac{5}{12}+\frac{6}{12}=\frac{11}{12}$

d) $\frac{8}{9}-\frac{1}{9}=\frac{7}{9}$

e) $\frac{4}{10}+\frac{1}{10}+\frac{3}{10}=\frac{8}{10}$

f) $\frac{94}{100}-\frac{65}{100}=\frac{29}{100}$

**121** $\frac{1}{4}+\frac{2}{4}=\frac{3}{4}$ → $\frac{3}{6}+\frac{2}{6}=\frac{5}{6}$ → $\frac{96}{100}-\frac{68}{100}=\frac{28}{100}$ →

$\frac{1}{3}+\frac{1}{3}=\frac{2}{3}$ → $\frac{84}{100}-\frac{55}{100}=\frac{29}{100}$ → $\frac{3}{10}-\frac{2}{10}=\frac{1}{10}$ →

$\frac{1}{2}+\frac{1}{2}=1$ → Ausgang: Apfel

**122** a) $\frac{1}{4}+\frac{2}{4}=\mathbf{\frac{3}{4}}$ Die Nenner dürfen nicht addiert werden.

b) $\frac{3}{10}+\frac{3}{10}=\mathbf{\frac{6}{10}}$ Addiere die Zähler. Behalte den Nenner bei.

c) $\frac{6}{12}-\frac{3}{12}=\mathbf{\frac{3}{12}}$

d) $\frac{8}{6}-\frac{2}{6}=\frac{6}{6}=\mathbf{1}$ Die Umrechnung ist falsch.

**123** a) $\frac{3}{10}+\frac{4}{10}=\frac{7}{10}$  b) $\frac{5}{8}-\frac{3}{8}=\frac{2}{8}$

c) $\frac{5}{12}+\frac{4}{12}=\frac{9}{12}$  d) $\frac{5}{6}-\frac{2}{6}=\frac{3}{6}$

e) $\frac{5}{100}+\frac{24}{100}+\frac{56}{100}=\frac{85}{100}$  f) $\frac{67}{100}-\frac{23}{100}-\frac{6}{100}=\frac{38}{100}$

**124** a) $\frac{568}{1\,000}+\frac{224}{1\,000}=\frac{792}{1\,000}$  b) $\frac{897}{1\,000}-\frac{349}{1\,000}=\frac{548}{1\,000}$

c) $\frac{1}{10}+\frac{6}{10}-\frac{5}{10}=\frac{1+6-5}{10}=\frac{2}{10}$  d) $\frac{56}{100}+\frac{5}{100}-\frac{37}{100}=\frac{24}{100}$

**125** a) $1\,\ell-\frac{3}{8}\,\ell=\frac{8}{8}\,\ell-\frac{3}{8}\,\ell=\frac{5}{8}\,\ell$

Chiara braucht noch $\frac{5}{8}\,\ell$ Traubensaft.

b) $\frac{1}{8}\,\ell + \frac{1}{8}\,\ell=\frac{2}{8}\,\ell$

↑ Waldmeister-sirup ↑ Kirschsirup

Es sind insgesamt $\frac{2}{8}\,\ell$ Sirup in der Bowle.

c) $1\,\ell-\frac{7}{10}\,\ell=\frac{10}{10}\,\ell-\frac{7}{10}\,\ell=\frac{3}{10}\,\ell$

Es bleiben $\frac{3}{10}\,\ell$ Mineralwasser übrig.

**126**

| | H | Z | E | z | h | t |
|---|---|---|---|---|---|---|
| a) | | | 7 | 5 | 0 | |
| b) | | 3 | 0 | 6 | 6 | |
| c) | | | 0 | 7 | 2 | 5 |
| d) | 1 | 8 | 4 | 3 | 9 | 5 |

**127** Vergleiche die Ziffern von links nach rechts.
49,874 < 50,148 < 50,418 < 51,02 < 51,2 < 52,06
Lösungswort: **WOLKEN**

**128**

$14{,}50 = \frac{1\,450}{100}$ $\qquad$ $0{,}99 = \frac{99}{100}$

$1{,}63 = \frac{163}{100}$ $\qquad$ $20{,}3 = \frac{203}{10}$

$57{,}8 = \frac{578}{10}$ $\qquad$ $62{,}4 = \frac{624}{10}$

$1{,}5 = \frac{15}{10}$ $\qquad$ $0{,}7 = \frac{7}{10}$

**129**

a) $\frac{7}{10} = 0{,}7$ $\qquad$ b) $\frac{65}{100} = 0{,}65$

c) $\frac{14}{1\,000} = 0{,}\mathbf{0}14$ $\qquad$ d) $\frac{254}{100} = 2{,}54$

e) $\frac{546}{10} = 54{,}6$ $\qquad$ f) $\frac{2\,058}{1\,000} = 2{,}058$

**130**

a)
$$\begin{array}{r} 4{,}2 \\ +\ 5{,}9 \\ {\scriptstyle 1}\phantom{{,}9} \\ \hline 10{,}1 \end{array}$$

b)
$$\begin{array}{r} 1\overset{8}{\not 9}{,}\,{}_{1}\not 6 \\ -\ 4{,}\ 7 \\ \hline 14{,}\ 9 \end{array}$$

c)
$$\begin{array}{r} 0{,}98 \\ +11{,}23 \\ {\scriptstyle 1\ 1}\phantom{{,}23} \\ \hline 12{,}21 \end{array}$$

d)
$$\begin{array}{r} 5\overset{5}{\not 6}{,}\ \overset{{}_{1}2}{\not 3}\,{}_{1}\mathbf{0} \\ -23{,}\ 5\ 8 \\ \hline 32{,}\ 7\ 2 \end{array}$$

e)
$$\begin{array}{r} 24{,}587 \\ 89{,}622 \\ +\ 0{,}4\mathbf{00} \\ {\scriptstyle 1\ 1\ 1}\phantom{{,}609} \\ \hline 114{,}609 \end{array}$$

f)
$$\begin{array}{r} \overset{4}{\not 5}{,}\ \overset{{}_{1}1}{\not 2}\ \overset{{}_{1}5}{\not 6}\ {}_{1}\mathbf{0} \\ -0{,}\ 3\ 6\ 5 \\ \hline 4{,}\ 8\ 9\ 5 \end{array}$$

**131**

$$\begin{array}{rl} 0{,}320 & \text{km} \\ 0{,}236 & \text{km} \\ 0{,}350 & \text{km} \\ 0{,}586 & \text{km} \\ 0{,}632 & \text{km} \\ 0{,}571 & \text{km} \\ 0{,}776 & \text{km} \\ 0{,}514 & \text{km} \\ 0{,}745 & \text{km} \\ +0{,}411 & \text{km} \\ {\scriptstyle 5\,4\,3} & \\ \hline 5{,}141 & \text{km} \end{array}$$

Es handelt sich um die Strecke „Silverstone Circuit“ in Großbritannien.

**132** a)

$$\begin{array}{rl} 4{,}75 & € \\ 3{,}81 & € \\ 8{,}03 & € \\ +11{,}68 & € \\ {\scriptstyle 1\,2\,1} & \\ \hline 28{,}27 & € \end{array}$$

Die Beiden haben insgesamt 28,27 € ausgegeben.

b)

$$\begin{array}{rl} {\scriptstyle 2\;9\;\;9}\phantom{0} & \\ \cancel{3}\cancel{0},\cancel{0}\,{}_{1}0 & € \\ -28{,}27 & € \\ \hline 1{,}73 & € \end{array}$$

Es bleiben 1,73 € übrig.

**133**

$$\begin{array}{rl} 1{,}73 & \text{m} \\ 1{,}61 & \text{m} \\ 1{,}52 & \text{m} \\ +0{,}79 & \text{m} \\ {\scriptstyle 2\,1} & \\ \hline 5{,}65 & \text{m} \end{array}$$

$$\begin{array}{rl} {\scriptstyle 6\;\;9}\phantom{0} & \\ \cancel{7},\cancel{0}\,{}_{1}0 & \text{m} \\ -5{,}65 & \text{m} \\ \hline 1{,}35 & \text{m} \end{array}$$

Paolo ist 1,35 m groß.

**134** a) 3 € = 300 ct

b) 10 € = 1 000 ct

c) 8,20 € = 820 ct

d) 25 € 36 ct = 2 536 ct

**135** a) 250 ct = 2,50 €

b) 1 700 ct = 17 €

c) 3 € 84 ct = 3,84 €

d) 8 295 ct = 82,95 €

**136**

a) 9 € + 17 € = 26 €

b) 82 € – 2400 ct =
82 € – 24 € = 58 €

c) 360 ct + 5 € =
3,60 € + 5,00 € = 8,60 €

d) 15,10 € – 90 ct =
15,10 € – 0,90 € = 14,20 €

e) 23 € 50 ct – 150 ct – 200 ct =
23,50 € – 1,50 € – 2,00 € = 20,00 € = 20 €

f) 24 € 20 ct + 18,14 € + 566 ct =
24,20 € + 18,14 € + 5,66 € = 48,00 €

**137**

a) 8 kg = 8 000 g

b) 14 t = 14 000 kg

c) 13 000 g = 13 kg

d) 500 kg = 0,5 t

e) 23 040 kg = 23,040 t

f) 0,725 kg = 725 g

**138**

a) 37 kg 500 g = 37,500 kg = 37,5 kg

b) 8 000 000 g = 8 000 kg = 8 t

c) 6 kg 19 g = 6 000 g + 19 g = 6 019 g

d) 2,5 t = 2 500 kg

**139**

| | | |
|---|---|---|
| 433 g | R | Fußball |
| 3 812 g | I | Katze (3,812 kg) |
| 160 kg | C | Sumo-Ringer |
| 2 g | H | Blatt |
| 17 500 g | T | Getränkekiste (17,5 kg) |
| 1 215 kg | I | Auto (1,215 t) |
| 0,6 t | G | Pferd (600 kg) |

**140**

| | t | kg | g |
|---|---|---|---|
| a) | 0,750 t | 750 kg | 750 000 g |
| b) | 8,250 t | 8 250 kg | 8 250 000 g |
| c) | 72 t | 72 000 kg | 72 000 000 g |

**141**

a) 2,2 t + 315 kg =
2 200 kg + 315 kg = 2 515 kg

b) 56 300 g – 32,1 kg =
56,3 kg – 32,1 kg = 24,2 kg

c) 0,5 t – 84 kg =
500 kg – 84 kg = 416 kg

d) 14,1 kg + 66 kg 15 g =
14,100 kg + 66,**0**15 kg = 80,115 kg

e) 4 400 g + 25 kg + 0,12 t =
4,4 kg + 25 kg + 12**0** kg = 149,4 kg

f) 3 t 210 kg – 3,1 t =
3 210 kg – 3 100 kg = 110 kg

**142**

a) 7 h = (7 · **60**) min = 420 min

b) 10 h 23 min = (10 · **60**) min + 23 min = 600 min + 23 min = 623 min

c) 3 h = (3 · **60**) min = 180 min = (180 · **60**) s = 10 800 s

d) 780 s = (780 **: 60**) min = 13 min

e) 14 400 s = (14 400 **: 60**) min = 240 min = (240 **: 60**) h = 4 h

f) 5 h = (5 · **60**) min = 300 min = (300 · **60**) s = 18 000 s

g) 2 Tage 19 h = (2 · **24**) h + 19 h = 48 h + 19 h = 67 h

h) 1 Tag = **24 h** = (24 · **60**) min = 1 440 min

**143** a) $90 : \mathbf{60} = 1$ Rest 30 $\Rightarrow$ 90 s = **1** min **30** s

$$\begin{array}{r} 90 \\ -60 \\ \hline 30 \end{array}$$

b) $200 : \mathbf{60} = 3$ Rest 20 $\Rightarrow$ 200 min = **3** h **20** min

$$\begin{array}{r} 200 \\ -180 \\ \hline 20 \end{array}$$

c) $50 : \mathbf{24} = 2$ Rest 2 $\Rightarrow$ 50 h = **2** Tage **2** h

$$\begin{array}{r} 50 \\ -48 \\ \hline 2 \end{array}$$

d) $4243 : \mathbf{60} = 70$ Rest 43 $\Rightarrow$ 4 243 s = **70** min **43** s

$$\begin{array}{r} 4243 \\ -420\phantom{0} \\ \hline 43 \end{array}$$

$70 : \mathbf{60} = 1$ Rest 10 $\Rightarrow$ 70 min = **1** h **10** min

$$\begin{array}{r} 70 \\ -60 \\ \hline 10 \end{array}$$

Also: 4 243 s = **1** h **10** min **43** s

**144** Gesamtdauer:

| | | |
|---|---|---|
| | 45 min | 1. Halbzeit |
| | 2 min | Nachspielzeit |
| | 15 min | Pause |
| | 45 min | 2. Halbzeit |
| + | 3 min | Nachspielzeit |
| | 2 | |
| | 110 min | |

110 min = 60 min + 50 min = **1 h 50 min**

Uhrzeit:
20.30 Uhr **+ 1 h** = 21.30 Uhr
21.30 Uhr **+ 50 min** = 22.20 Uhr

Der Schlusspfiff ist um 22.20 Uhr.

**145** a) 10.18 Uhr **+ 9 h** = 19.18 Uhr
19.18 Uhr **+ 4 min** = 19.22 Uhr

9 h + 4 min = 9 h 4 min

b) 8.55 Uhr **+ 5 min** = 9.00 Uhr
9.00 Uhr **+ 5 h** = 14.00 Uhr
14.00 Uhr **+ 31 min** = 14.31 Uhr

5 min + 5 h + 31 min = 5 h 36 min

c) 23.45 Uhr **+ 15 min** = 0.00 Uhr
0.00 Uhr **+ 3 h** = 3.00 Uhr
3.00 Uhr **+ 13 min** = 3.13 Uhr
15 min + 3 h + 13 min = 3 h 28 min

**146** a) 12 km = 12 000 m
b) 60 cm = 6 dm
c) 45 dm = 4,5 m
d) 154 cm = 1 540 mm
e) 254 mm = 25,4 cm = 2,54 dm
f) 9 000 cm = 900 dm = 90 m
g) 1,5 m = 15 dm = 150 cm
h) 8 400 dm = 840 m = 0,840 km

**147** a) 246 m + 3 250 dm =
246 m + 325 m = 571 m

b) 2 345 cm + 33,23 m =
23,45 m + 33,23 m = 56,68 m

c) 5 km – 4 200 m =
5 000 m – 4 200 m = 800 m

d) 3 460 cm + 62 dm =
34,6 m + 6,2 m = 40,80 m

e) 500 dm – 1 300 cm =
50 m – 13 m = 37 m

f) 21 m + 21 dm + 21 cm + 21 mm =
21 m + 2,1 m + 0,21 m + 0,021 m = 23,331 m

**148** 85 km = 85 000 m = 850 000 dm = 8 500 000 cm = 85 000 000 mm
Der Zug kommt auf Gleis 3 an.

**149** Rechne alle Längen in die gleiche Einheit um (z. B. mm) und ordne sie anschließend der Größe nach.

**C** 810 cm = 8 100 mm **8**
**O** 3 cm = 30 mm **2**
**T** 3 650 mm = 3 650 mm **6**
**L** 4 dm = 400 mm **4**
**O** 8 m = 8 000 mm **7**
**K** 650 dm = 65 000 mm **9**
**L** 45 mm = 45 mm **3**
**Z** 20 mm = 20 mm **1**
**S** 260 cm = 2 600 mm **5**

Lösungswort: **ZOLLSTOCK**

**150** a) $8\ dm^2 = 800\ cm^2$
b) $38\ cm^2 = 3\,800\ mm^2$
c) $0{,}56\ m^2 = 56\ dm^2$
d) $4{,}07\ dm^2 = 407\ cm^2$

**151** a) $900\ m^2 = 9\ dm^2$
b) $15\,000\ mm^2 = 150\ cm^2$
c) $3\,380\ dm^2 = 33{,}8\ m^2$
d) $653\ cm^2 = 6{,}53\ dm^2$

**152** a) $500\ mm^2 < 6\ cm^2$
$5\ cm^2 < 6\ cm^2$

b) $25\ m^2 > 2\,500\ cm^2$
$25\ m^2 > 25\ dm^2$
$25\ m^2 > 0{,}25\ m^2$

c) $760\ dm^2 < 76\ m^2$
$7{,}6\ m^2 < 76\ m^2$

d) $180\ mm^2 = 1{,}8\ cm^2$
$180\ mm^2 = 180\ mm^2$

e) $3\,400\ mm^2 < 3{,}4\ dm^2$
$34\ cm^2 < 340\ cm^2$

f) $920\ cm^2 > 9{,}02\ mm^2$
$92\,000\ mm^2 > 9{,}02\ mm^2$

**153** a) 34 hℓ = 3 400 ℓ
b) 52 200 mℓ = 52,2 ℓ
c) 2,6 hℓ = 260 ℓ
d) 72,36 ℓ = 72 360 mℓ
e) 95,5 ℓ = 0,955 hℓ
f) 450 mℓ = 0,450 ℓ

**154**

| | hℓ | ℓ | mℓ |
|---|---|---|---|
| a) | 47 hℓ | 4 700 ℓ | 4 700 000 mℓ |
| b) | 95 hℓ | 9 500 ℓ | 9 500 000 mℓ |
| c) | 1,426 hℓ | 142,6 ℓ | 142 600 mℓ |
| d) | 6,74 hℓ | 674 ℓ | 674 000 mℓ |

**155**

a) 85 ℓ + 21 000 mℓ =
85 ℓ + 21 ℓ = 106 ℓ

b) 49 hℓ – 3 300 ℓ =
4 900 ℓ – 3 300 ℓ = 1 600 ℓ

c) 5,2 hℓ + 2 076 ℓ =
520 ℓ + 2 076 ℓ = 2 596 ℓ

d) 4 hℓ 23 ℓ + 6 ℓ + 2 000 mℓ =
400 ℓ + 23 ℓ + 6 ℓ + 2 ℓ = 431 ℓ

**156**

| | | |
|---|---|---|
| 10 ℓ | V | Gieskanne |
| 11 hℓ | O | Mülltonne (1 100 ℓ) |
| 40 ℓ | L | Rucksack |
| 100 ℓ | U | Fass |
| 200 mℓ | M | Tasse (0,2 ℓ) |
| 2 500 mℓ | E | Farbtopf (2,5 ℓ) |
| 1,8 hℓ | N | Badewanne (180 ℓ) |

**157**

a) 17 min = 1 020 s

b) 321 $mm^2$ = 3,21 $cm^2$

c) 5 250 g = 5,250 kg

d) 26 800 dm = 2 680 m = 2,680 km

**158** a) 230 kg < 2,3 t
230 kg < 2 300 kg

b) 101 ℓ > 1 hℓ
101 ℓ > 100 ℓ

c) 363 cm = 3,63 m
363 cm = 363 cm

d) 50 000 ct > 50 €
500 € > 50 €

**159** a) $36\ cm^2 - 200\ mm^2 =$
$36\ cm^2 - 2\ cm^2 = 34\ cm^2$

b) 5,5 kg + 1,2 kg + 3 400 g =
5,5 kg + 1,2 kg + 3,4 kg = 10,1 kg

c) 2,5 hℓ – 140 ℓ – 1 hℓ =
250 ℓ – 140 ℓ – 100 ℓ = 10 ℓ

d) 1,1 km + 400 m – 2 000 dm =
1 100 m + 400 m – 200 m = 1 300 m

**160** a) 1 km = 1 000 m = 10 000 dm = 100 000 cm

b) 1 000 000 kg = 1 000 t

c) 1 Woche = 7 Tage = (7 · 24) h = 168 h = (168 · 60) min = 10 080 min

d) $1\ m^2 = 100\ dm^2 = 10\ 000\ cm^2$

e) 1 000 000 mℓ = 1 000 ℓ = 10 hℓ

**161** a) Wie viel muss Frau Mayer bezahlen?

```
   6,90 €
   2,80 €
+  5,86 €
   12
---------
  15,56 €
```

Frau Mayer muss 15,56 € bezahlen.

b) Wie viel kostet das Brot von Herrn Huber?

```
  4,60 €
+ 3,50 €
  1
--------
  8,10 €
```

```
  10,35 €
-  8,10 €
---------
   2,25 €
```

Das Brot von Herrn Huber kostet 2,25 €.

c) Wie viel Wechselgeld bekommt jeder zurück?

Frau Mayer:

$$\begin{array}{rrrrr} & 1 & 9 & 9 & \\ & \not{2} & \not{0}, & \not{0} & {}_{1}0\ \text{€} \\ - & 1 & 5, & 5 & 6\ \text{€} \\ \hline & & 4, & 4 & 4\ \text{€} \end{array}$$

Herr Huber:

$$\begin{array}{rrrrr} & 1 & 9 & 9 & \\ & \not{2} & \not{0}, & \not{0} & {}_{1}0\ \text{€} \\ - & 1 & 0, & 3 & 5\ \text{€} \\ \hline & & 9, & 6 & 5\ \text{€} \end{array}$$

Frau Mayer bekommt 4,44 € Wechselgeld zurück, Herr Huber 9,65 €.

**162** Wie viele Hektoliter Wasser sind in allen Becken zusammen?

Du musst zuerst alle Größen in dieselbe Einheit umwandeln, z. B. in hℓ.
Whirlpool: 1 000 ℓ = 10 hℓ
Planschbecken: 700 ℓ = 7 hℓ

$$\begin{array}{rrl} & 375{,}0\ \text{hℓ} & \text{Schwimmerbecken} \\ & 50{,}5\ \text{hℓ} & \text{Außenbecken} \\ & 10{,}0\ \text{hℓ} & \text{Whirlpool} \\ & 7{,}0\ \text{hℓ} & \text{Planschbecken} \\ + & 87{,}5\ \text{hℓ} & \text{Sprungbecken} \\ & {}_{2\,2\,1}\quad\quad & \\ \hline & 530{,}0\ \text{hℓ} & \end{array}$$

In allen Becken zusammen sind 530 hℓ Wasser.

**163** a) Wann kommen die Beiden im Tal an?

| | |
|---|---|
| Gipfelankunft: | 15.21 Uhr |
| Pause: | 15 min |
| Abfahrt: | 23 min |

15.21 Uhr + 15 min = 15.36 Uhr
15.36 Uhr + 23 min = 15.59 Uhr

Die beiden kommen um 15.59 Uhr im Tal an.

b) Wie lange dauert die Skitour inklusive Pausen?

| | |
|---|---|
| Beginn der Skitour: | 9.45 Uhr |
| Ende der Skitour: | 15.59 Uhr (siehe Teilaufgabe a) |

9.45 Uhr + **15 min** = 10.00 Uhr
10.00 Uhr + **5 h** = 15.00 Uhr
15.00 Uhr + **59 min** = 15.59 Uhr

15 min + 5 h + 59 min = 5 h + 74 min = 5 h + 1 h + 14 min = 6 h 14 min

Die Skitour dauert 6 h 14 min.

c) Wie lange dauert die Skitour ohne Pausen?

Dauer der Tour mit Pausen: 6 h 14 min (siehe Teilaufgabe b)

Pausen:
- 11.35 Uhr bis 11.52 Uhr $\Rightarrow$ 17 min
- 13.34 Uhr bis 14.09 Uhr $\Rightarrow$ 26 min + 9 min = 35 min
- 15 min

Gesamtdauer der Pausen:
17 min + 35 min + 15 min = 67 min = 1 h 7 min

Dauer der Tour ohne Pausen:
6 h 14 min – 1 h 7 min = 5 h 7 min
Ohne Pausen dauert die Skitour 5 h 7 min.

**164** Dürfen alle Gegenstände auf den Anhänger?

Pflanze: 5 780 g = 5,78 kg
Stühle: $2 \cdot 14$ kg = 28 kg

| | | |
|---|---|---|
| | 340,00 kg | Anhänger |
| | 65,50 kg | Waschmaschine |
| | 5,78 kg | Pflanze |
| | 28,00 kg | Stühle |
| + | 87,00 kg | Kommode |
| | 2 2 1 | |
| | 526,28 kg | |

| | |
|---|---|
| | 526,28 kg |
| – | 500,00 kg |
| | 26,28 kg |

Es dürfen nicht alle Gegenstände auf den Anhänger, da das Gesamtgewicht um 26,28 kg zu hoch ist. Man könnte z. B. die zwei Stühle wieder abladen.

**165** Wie oft muss Stefan den Rasen mähen, um genügend Geld für den MP3-Player zu haben?

Kosten des MP3-Players: 49,95 €
Vorhandenes Geld:

| | | |
|---|---|---|
| | 24,00 € | Ersparnisse |
| + | 9,95 € | Zuschuss Mutter |
| | 1 | |
| | 33,95 € | |

Fehlender Geldbetrag:

| | |
|---|---|
| | 49,95 € |
| – | 33,95 € |
| | 16,00 € |

Verdienst pro Rasenmähen: 2 €
16 € : 2 € = 8

Stefan muss 8-mal den Rasen seiner Oma mähen, um sich den MP3-Player leisten zu können.

**166** a) Wie teuer ist der Eintritt, wenn sie den günstigsten Preis bezahlen?

Vergleiche zuerst, welcher Tarif für die Familie am günstigsten ist.

| | |
|---|---|
| Familienkarte 3 Stunden: | 20 € |
| Einzelkarten 3 Stunden: | Lena 5 €, Bruder 8 €, Mutter 8 € |
| | Zusammen: 8 € + 8 € + 5 € = 21 € |

Die Familienkarte ist für 3 Stunden günstiger als die Einzelkarten.
Da die Familie 5 Stunden bleibt, kommt pro Person noch der Preis für die Verlängerung hinzu:

| | |
|---|---|
| 2 Verlängerungsstunden: | 1,50 € + 1,50 € = 3,00 €. |
| | Für 3 Personen: 3 · 3 € = 9 € |
| Gesamtpreis für 5 Stunden: | 20 € + 9 € = **29 €** |

Der Tarif für 3 Stunden ist inklusive der Gebühr für die Verlängerung günstiger als die Tageskarte.
Die Familie zahlt also insgesamt 29 €.

b) Ab wie vielen Stunden lohnt sich eine Tageskarte für die Familie?

5 Stunden kosten für die Familie 29 €. Würden sie noch eine Stunde länger bleiben, würden noch einmal 1,50 € pro Person dazu kommen:

$$\begin{array}{rr} & 29,00 \text{ €} \\ & 1,50 \text{ €} \\ & 1,50 \text{ €} \\ + & 1,50 \text{ €} \\ & {\scriptstyle 1\,1}\phantom{,00 \text{ €}} \\ \hline & 33,50 \text{ €} \end{array}$$

33,50 € > 33 € (Familientageskarte)

Ab 6 Stunden im Schwimmbad wäre die Tageskarte für die Familie günstiger.

**167** Wie viel muss Familie Feist bezahlen?

Berechne zuerst die Größen aller Zimmer mithilfe der Formel für den Flächeninhalt: $A = a \cdot b$

Wohnen:
$a = 6$ m, $b = 5$ m
$A = 6 \text{ m} \cdot 5 \text{ m}$
$A = 30 \text{ m}^2$

Küche:
$a = 4$ m, $b = 4$ m
$A = 4 \text{ m} \cdot 4 \text{ m}$
$A = 16 \text{ m}^2$

Bad:
$a = 3$ m, $b = 4$ m
$A = 3 \text{ m} \cdot 4 \text{ m}$
$A = 12 \text{ m}^2$

Fläche insgesamt:

| | |
|---|---|
| $25\ m^2$ | Eltern |
| $30\ m^2$ | Wohnen |
| $16\ m^2$ | Küche |
| $12\ m^2$ | Bad |
| $14\ m^2$ | Flur |
| $+\ 18\ m^2$ | Kind |
| (Übertrag: 12) | |
| $115\ m^2$ | |

Ein Quadratmeter kostet 25 €, also:

$$\begin{array}{r} 115 \cdot 25 \\ \hline 2300 \\ +\ 575 \\ \hline 2875 \end{array}$$

Familie Feist muss insgesamt 2 875 € bezahlen.

**168** a) Wie lang ist die reine Fahrzeit?

1. Tag: 5:04 → 5 h 4 min
2. Tag: 4:46 → 4 h 46 min
3. Tag: 5:21 → 5 h 21 min
4. Tag: 3:55 → 3 h 55 min

5 h + 4 h + 5 h + 3 h = 17 h
4 min + 46 min + 21 min + 55 min = 126 min
126 min = 2 h 6 min
17 h + 2 h 6 min = 19 h 6 min

Die reine Fahrzeit beträgt 19 Stunden und 6 Minuten.

b) Wie viele Kilometer fahren sie jeweils an den verbleibenden Tagen?

| | |
|---|---|
| 75,6 km | 1. Tag |
| 76,4 km | 2. Tag |
| 74,7 km | 3. Tag |
| + 56,9 km | 4. Tag |
| (Übertrag: 2 2) | |
| 283,6 km | 1.–4. Tag |

| | |
|---|---|
| 487,6 km | Gesamtstrecke |
| − 283,6 km | Zurückgelegte Strecke |
| 204,0 km | Verbleibende Strecke |

$$\begin{array}{l} 204\text{ km} : 3 = 68\text{ km} \\ \underline{-18} \\ \ \ 24 \\ \ \ \underline{-24} \\ \ \ \ \ 0 \end{array}$$

An den letzten drei Tagen müssen sie jeweils noch 68 km fahren.

## Bildnachweis

Umschlag: © 3dts/Dreamstime.com
S. 1: © Dan Jonut Pospescu/Dreamstime.com
S. 4: © Glenda Powers/Fotolia.de
S. 5: © Patrick Huebgen/Wikimedia.org
S. 6: Schilder: © Ian O'Hanlon/Fotolia.de; Navigation © Tihis/Dreamstime.com; Kamera: © Norman Chan/Dreamstime.com; Snowboard: © Silvrshoot/iStockphoto.com; Gitarre: © Dragos Manea/Dreamstime.com; Sofa: andreas reimann/Fotolia.de; Waschmaschine: © Marjan Veljanoski/Dreamstime.com
S. 10: Tiere: © Michael Pettigrew/Dreamstime.com; Geld © Pathathai Chungyam/Dreamstime.com
S. 11: © Pilgrim1807/Dreamstime.com
S. 12: © Davide Fiorenzo De Conti/Fotolia.com
S. 13: © Winterling/Dreamtime.com
S. 14: © Jurate/Dreamstime.com
S. 15: © Anton Zhukov/Fotolia.de
S. 17: Tintenfass © Marco Rullkötter/Fotolia.de; Füller: © Pjorg/Fotolia.de
S. 19: Gerbera: © Kais Tolmats/iStockphoto.com; Rosen: © Lisa Thornberg/iStockphoto.com
S. 24: © Birgit Reitz-Hofmann/Fotolia.de
S. 26: Maske: © Snem/Dreamstime.com; Schatzkarte: © askaja/Fotolia.de
S. 31: © Lai Leng Yiap/Fotolia.de
S. 35: © SCHMIDT MEDIENDESIGN
S. 38: Schokolade: © Kati Molin/Fotolia.de; Pfanne: © Luminis/Fotolia.de; Spielkarte: © Franz Pfluegl/Fotolia.de; Papagei: © Eric Isselée/iStockphoto.com; Seestern: © Patf37/Dreamstime.com; Hut: © Dusanzidar/Dreamstime.com; Schmetterling: © Ulrich Willmünder/Fotolia.de
S. 41: © Johanna Goodyear/Fotolia.de
S. 47: Hut © Robyn Mackenzie/Fotolia.de; Wasserball: © Liliboas/Fotolia.de; Puzzlewürfel: © Kmclachlan/Dreamstime.com; Käse: © Andre/Fotolia.de; Würfel: © Vaide/iStockphoto.com; Pylone: © Bruce Parrott/iStockphoto.com; Dose: © strixcode/Fotolia.de; Streichholzschachtel: © devulderj/Fotolia.de; Kugel: © Saksoni/Dreamstime.com; Pyramide: © Titan120/Dreamstime.com; Garn: © Eldin Muratovic/Fotolia.de; Koffer: © Stocksnapper/Dreamstime.com
S. 49: © Sarah Williams/sxc.hu
S. 51: © Mihaibadic/Dreamstime.com
S. 52: Vorfahrtsschilder: © Falco/Fotolia.de; Ampel: © brokenart/sxc.hu
S. 54: © Philip Dyer/iStockphoto.com
S. 58: Waage: © ktsdesign/Fotolia.de; Gewichte: © Volodymyr Vasylkiv/Fotolia.de
S. 61: Noten: © Snr/Dreamstime.com; Saxophon: © Dmitri Mlkitenko/Fotolia.de; Flöte: © Yuriy Kulik/Fotolia.de; Geige: © Teamarbeit/Fotolia.de
S. 62: © Anne Katrin Figge/Fotolia.de
S. 64: Zitrone: © vloff/Fotolia.de; Euro: © Fineas/Fotolia.de; Eier: © Rob Bouwman/Fotolia.de; Schachfiguren: © jsemeniuk/iSt S. 68: © Caroly Thompson/Dreamstime.com
S. 67: Banane: © Davide Gugliemol/sxc.hu; Kiwi: © Jean Scheijen/sxc.hu; Orange: © Mischar Jung/sxc.hu; Erdbeere: © Alexandre Galant/sxc.hu
S. 68: © Caroly Thompson/Dreamstime.com
S. 69: © AdamG1975/iStockphoto.com
S. 70: Flasche: © 2009 Bauerdesign/sxc.hu; Preisschild: © Fx Berlin/Fotolia.de
S. 71: © unpict/Fotolia.de
S. 73: Gewichte: © Ann-Kathrin Rehse/sxc.hu; Plan: © Daniel Käsler/Fotolia.de; Schild: © Fritz Langmann/Flasche: © Timothy Stirling/Fotolia.de; Dollar: © Fritzkocher/Dreamstime.com; Dreamstime.com; Wecker: © mweichse/Fotolia.de
S. 74: © scol22/sxc.hu
S. 76: © Ann Murie/Dreamstime.com
S. 77: Sumoringer: © AlienCat/Fotolia.de; Fußball: © Stefan Kölble/sxc.hu; Bionade: © BIONADE GmbH; Pferd: © Eric Isselée/Dreamstime.com; Blatt: © Alexander Maier/Fotolia.de; VW: © Michal Zacharzewski/sxc.hu; Katze: © ustyujanin/Dreamstime.com
S. 78: © Dani Simmonds/Fotolia.de
S. 79: Uhr © Radek Lesz/sxc.hu; Wecker: © Kenneth C. Zirkel/iStockphoto.com
S. 80: © Vince Varga/sxc.hu
S. 81: Zug: © Nikolai Tsvetkov/Fotolia.de; Maßband: © graham klotz/Fotolia.de
S. 84: Fass: © rimglow/Fotolia.de; Tonne: © Rafael Laguillo/Dreamstime.com; Wanne: © AGITA LEIMANE/Fotolia.de; Tasse: © Bojan Pavlukovic/Fotolia.de; Rucksack: © Grzegor Japol/Dreamstime.com; Farbe: © Ramona Heim/Fotolia.de; Kanne: © Birgit Reitz-Hofmann/Dreamstime.com
S. 85: © Michael Flippo/Fotolia.de
S. 88: Kommode: © James Phelps/Dreamstime.com; Stuhl: © Andreas Reimann/Fotolia.de; Pflanze: © Frank-Peter Funke/Fotolia.de
S. 89: © www.donau-radweg.info
S. 91: © Gautier Willanme/Fotolia.de
Sonstige Bilder: Redaktion

*(Bitte blättern Sie um)*